20 petites leçons d'astronomie

Dans la série Mémo

Le Calcul. Précis d'algèbre et d'arithmétique, Librio n° 756
Formulaire de mathématiques, Librio n° 756
La Géométrie, Librio n° 771
La science est un jeu, Libro n° 815
Guide du ciel, Librio n° 898
Les maths sont un jeu, Librio n° 945
La logique est un jeu, Librio n° 964
Les Maths expliquées aux parents, Librio n° 991
Apprendre à prendre des notes, Librio n° 999
Apprendre à réviser, Librio n° 1004
Apprendre à rédiger, Librio n° 1012
Formulaire de mathématiques – Collège, Librio n° 1018
À la recherche du boson de Higgs, Librio n° 1045
Questions de maths utiles, Librio n° 1064
Les lois essentielles de la physique, Librio n° 1065

Joanne Baker

20 petites leçons d'astronomie

Traduit de l'anglais par Julien Bambaggi

Librio

L'édition originale de cet ouvrage a été publiée en 2010
au Royaume-Uni par Quercus Publishing Plc sous le titre
50 Universe Ideas You Really Need to know

1

Les planètes

idée clé

LES PLANÈTES SONT DES OBJETS HORS DU COMMUN

Combien de planètes compte le système solaire ? Il y a quelques années, chacun pouvait facilement répondre : neuf. Ce n'est plus si simple ! Les astronomes ont tout chamboulé en découvrant dans la froideur glacée des confins du système solaire des corps rocheux soutenant la comparaison avec Pluton ainsi que des centaines de planètes tournant autour d'étoiles lointaines. Contraints d'en redéfinir le concept, ils préconisent désormais de décompter dans notre système solaire huit planètes dignes de ce nom et quelques planètes naines comme Pluton.

Les planètes – nous le savons depuis la Préhistoire – sont différentes des étoiles. Leur nom vient du Grec « errant » : elles se déplacent dans le ciel nocturne tandis que les étoiles en forment l'immuable toile de fond. Nuit après nuit, les étoiles constituent les mêmes motifs : leurs constellations tournent ensemble lentement autour des pôles Nord et Sud, chaque étoile gravant son cercle dans le firmament. Mais les positions des planètes par rapport aux étoiles se déplacent légèrement chaque jour, poursuivant à travers ciel une trajectoire inclinée dans un plan appelé écliptique. Tandis que les planètes tournent autour du Soleil, leur mouvement se fait dans le même plan dont la projection dans le ciel forme un trait.

Les principales planètes autres que la Terre sont connues depuis des millénaires : Mercure, Vénus, Mars, Jupiter et Saturne. On peut facilement les voir à l'œil nu. Elles occultent souvent les étoiles voisines et leurs mouvements contraires leur confèrent un statut mythique, encore grandi par l'arrivée des télescopes au XVIIe siècle : Saturne est entourée d'élégants anneaux, Jupiter s'enorgueillit d'une ribambelle de lunes tandis que la surface de Mars est striée de canaux sombres.

La planète X Ces certitudes célestes ont été bousculées par la découverte, en 1781, de la planète Uranus par l'astronome britannique William Herschel. Plus pâle et se déplaçant plus lentement que les autres planètes connues, on la croyait jusqu'alors étoile solitaire. C'est la quête méticuleuse de Herschel qui a définitivement prouvé qu'elle tournait autour du Soleil, lui conférant ainsi son statut de planète. Herschel se reposa sur la gloire que cette découverte lui avait apportée, allant jusqu'à rechercher les faveurs du roi George III dont le nom servit, pendant une courte période, à désigner la nouvelle planète.

La définition d'une planète

Une planète est un corps céleste qui :
(a) est en orbite autour du Soleil ;
(b) a une masse suffisante pour que sa gravité l'emporte sur les forces de cohésion du corps solide et lui donne une forme presque sphérique ;
(c) a éliminé tout corps susceptible de se déplacer sur une orbite proche.

D'autres découvertes allaient venir. De légères perturbations dans l'orbite d'Uranus laissaient penser qu'elles étaient dues à la présence, au-delà, d'un autre corps céleste. Plusieurs astronomes traquèrent l'intrus vagabond dans la direction attendue : en 1846, Neptune fut découverte par le Français Urbain Jean Joseph Le Verrier qui coiffait au poteau l'astronome britannique John Couch Adams.

Puis, en 1930, ce fut l'existence de Pluton qui fut corroborée. Comme pour Neptune, de petits écarts dans les mouvements attendus des planètes périphériques suggéraient la présence d'un corps situé au-delà – on l'appela la planète X. Aux États-Unis, Clyde Tombaugh, du Lowell Observatory, le repéra en comparant des photographies du ciel prises à différents moments : c'est par son mouvement que la planète s'est révélée. Mais c'est à une écolière qu'il appartint de lui donner un nom. Venetia Burney, d'Oxford au Royaume-Uni, remporta le concours lancé à cette fin en proposant un nom d'inspiration classique : Pluton, le dieu des Enfers. La planète Pluton a joué un grand rôle dans l'imagerie populaire, depuis le chien de la bande dessinée (Pluton se dit Pluto en anglais) jusqu'au récent plutonium.

« Comme les continents, les planètes sont davantage définies par notre façon de les voir que par une assertion énoncée après coup. »
Michael Brown, 2006

Pluton déchue Notre système solaire à neuf planètes a tenu bon 75 ans, jusqu'à ce que Michael Brown et son équipe du Caltech découvrent que Pluton n'était pas seule. Aux confins glacés du système solaire, ils ont trouvé quelques objets d'assez belle taille, l'un d'entre eux étant même plus gros que Pluton lui-même. Ils l'ont appelé Éris. Une question se posait à la communauté scientifique : la découverte de Brown devait-elle être considérée comme une dixième planète ?

Et que dire des autres corps glacés proches de Pluton et Éris ? Le statut de planète de Pluton était remis en cause. Les confins du système solaire étaient jonchés d'objets recouverts de glace, Pluton et Éris n'en étant que les plus gros. De plus, on connaissait ailleurs des astéroïdes rocheux de taille semblable, dont Cérès, un astéroïde de 950 kilomètres de diamètre découvert en 1801 entre Mars et Jupiter pendant la traque de Neptune.

En 2005, une commission de l'Union astronomique internationale, l'organisation professionnelle des astronomes, se réunit pour décider du sort de Pluton. Brown et quelques autres voulaient conserver son statut à Pluton considérant qu'il était d'ordre culturel.

Selon eux, Éris devrait aussi être considérée comme une planète. Pour les autres participants, tous les corps glacés au-delà de Neptune n'étaient pas de vraies planètes. Cela fit l'objet d'un vote lors d'une assemblée générale en 2006. On décida d'une nouvelle définition d'une planète. Jusque-là, il ne s'agissait pas d'un concept précis. Certains étaient perplexes, estimant que c'était comme demander, par exemple, la définition précise d'un continent : si l'Australie en est un, pourquoi pas le Groënland ? Où l'Europe finit-elle et où l'Asie commence-t-elle ? Mais les astrophysiciens ont fini par convenir d'un ensemble de règles.

Une planète est définie comme un corps céleste en orbite autour du Soleil, de masse suffisante pour que sa gravité lui donne une forme sphérique et le rende capable d'éliminer les corps voisins. D'après ces règles, Pluton n'est pas une planète parce qu'elle ne remplit pas la dernière condition. Pluton et Éris furent qualifiées de planètes naines, de même que Cérès. Les corps plus petits, en dehors des satellites, restèrent non définis.

« Peut-être notre monde est-il l'enfer
d'une autre planète. »
Aldous Huxley

Au-delà du Soleil Cette définition d'une planète était destinée à notre propre système solaire. Mais on peut l'appliquer ailleurs. Aujourd'hui, nous connaissons plusieurs centaines de planètes en orbite autour d'autres étoiles que le Soleil. Elles ont été repérées essentiellement par l'attraction ténue qu'elles exercent sur leur étoile hôte. La plupart de ces planètes sont de massives géantes gazeuses comme Jupiter. Mais de nouveaux engins spatiaux, tel Kepler lancé en 2009, rivalisent pour détecter autour d'autres étoiles des planètes plus petites qui pourraient ressembler à la Terre.

Une autre définition, celle d'une étoile, a elle aussi fini par être remise en cause. Les étoiles sont des boules de gaz, tel le Soleil, suffisamment grosses pour que, dans leur cœur, se soit enclenchée la fusion nucléaire. C'est là l'énergie qui fait briller les étoiles. Mais il n'est pas évident de distinguer les boules de gaz de taille planétaire, comme Jupiter, des étoiles les plus petites et les plus sombres, les naines brunes. L'espace est peut-être peuplé d'étoiles qui ne se sont pas allumées, voire de planètes à la dérive.

William Herschel (1738-1822)

Frederick William Herschel est né en Allemagne, à Hanovre, en 1738. Il émigra en Angleterre en 1757 où il gagna sa vie comme musicien. Il se prit de passion pour l'astronomie, passion qu'il partageait avec sa sœur Caroline qu'il avait fait venir en Angleterre en 1772. Les Herschel ont construit un télescope pour contempler le ciel nocturne, identifiant des centaines d'étoiles doubles et des milliers de nébuleuses. Herschel découvrit Uranus qu'il appela « Georgium Sidum », l'étoile de George, en l'honneur du roi George III qui le fit Astronome de la cour. Parmi les autres découvertes de Herschel : la nature binaire de nombreuses étoiles doubles, les variations saisonnières des calottes polaires de Mars et les satellites d'Uranus et Saturne.

2

Héliocentrisme

idée clé

AU CENTRE, LE SOLEIL

Nous savons aujourd'hui que la Terre et les planètes tournent autour du Soleil mais il fallut que les preuves s'accumulent au XVIIe siècle pour que cela finisse par être admis. Notre vision du monde en a été bouleversée : les êtres humains n'étaient pas au centre de l'Univers, ce qui s'opposait aux philosophies et religions dominantes de l'époque. Le débat se poursuit sur la place de l'Homme dans le cosmos avec des arguments semblables, depuis les dogmes créationnistes jusqu'aux aspects rationnels de la cosmologie.

Les premiers hommes ne pouvaient concevoir qu'un univers gravitant autour d'eux. Dans l'Antiquité, la Terre était placée au centre des modèles du cosmos et tout le reste en découlait. On imaginait que les corps célestes étaient plaqués sur des sphères de cristal tournant autour de la Terre. Ainsi, chaque nuit, les étoiles fixées sur elles – ou révélées par des trous minuscules – étaient entraînées dans un mouvement circulaire autour des pôles célestes nord et sud : les êtres humains étaient bien la clé des mécanismes de l'Univers.

On soupçonnait cependant que ce modèle bien commode était erroné et cela a interpellé des générations de philosophes. L'idée que les cieux se meuvent autour du Soleil plutôt que de la Terre – un modèle héliocentrique, du grec *helios*, Soleil – a été avancée par les philosophes grecs de l'Antiquité dès 270 av. J.-C. Parmi eux, Aristarque de Samos a développé cette idée dans ses écrits. Il calcula la taille relative de la Terre et du Soleil et se rendit compte que ce dernier était bien plus grand. Il paraissait plus logique de penser que c'était le plus petit des deux astres, la Terre, qui se déplaçait.

Ptolémée, au IIe siècle de notre ère, se servit des mathématiques pour prédire le mouvement des étoiles et des planètes et il obtint des résultats corrects. Mais ses équations ne rendaient pas compte de configurations évidentes. La manifestation la plus curieuse était que, de temps à autre, le mouvement des planètes changeait de sens : c'est le mouvement rétrograde. Ptolémée – qui, comme d'autres avant lui, pensait que les planètes se déplaçaient sur de grandes roues circulaires dans le ciel – conçut une explication en ajoutant de nouvelles roues dentées à leurs orbites. Il avança que les planètes se déplaçaient sur de petits anneaux tout en poursuivant leur trajectoire principale, une espèce de mécanisme d'horlogerie géant. Ce sont ces « épicycles » superposés qui faisaient que les planètes, de temps à autre, donnaient l'impression de rebrousser chemin.

Cette idée d'épicycles s'installa. Elle fut affinée par la suite. Les philosophes étaient séduits par l'idée que la nature mettait en œuvre de parfaites figures géométriques. Mais, à mesure que la précision des mesures astronomiques augmentait, les savantes combinaisons mathématiques parvenaient de moins en moins à les expliquer : les données s'étoffaient, les contradictions aussi...

Le modèle de Copernic Au fil des siècles, il fut question, de temps à autre, d'héliocentrisme, mais cela ne fut pas pris au sérieux. La conception géocentrique allait de soi et toute théorie alternative paraissait une vue de l'esprit. Ce ne fut donc pas avant le XVIe siècle que les conséquences de l'héliocentrisme furent entièrement développées. Dans son ouvrage de 1543 *De revolutionibus orbium cœlestium*, l'astronome polonais Nicolas Copernic décrivit en détail un modèle mathématique héliocentrique, expliquant le mouvement rétrograde des planètes comme une projection vue depuis la Terre de leur mouvement autour du Soleil, la Terre étant elle-même animée d'un mouvement semblable.

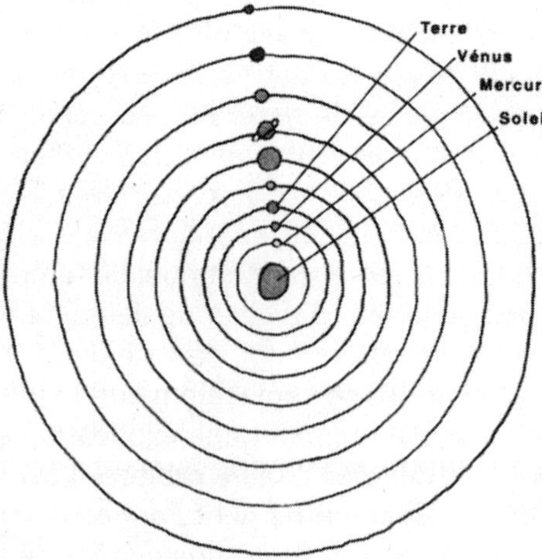

Le modèle de Copernic mettait en cause la prédominance universelle des êtres humains et cela ne fut pas sans conséquences. L'Église officielle en tenait pour le système géocentrique de Ptolémée. Prudent, Copernic retarda la publication de son ouvrage jusqu'à l'année de sa mort. Ses arguments posthumes furent entendus et tranquillement mis de côté. C'est à un personnage plus enflammé qu'il revint de prendre le relais.

« Enfin, nous pourrons mettre le Soleil lui même au centre de l'Univers. »
Nicolas Copernic

Les convictions de Galilée L'astronome italien Galileo Galilei a ostensiblement défié l'Église catholique romaine en défendant l'héliocentrisme. Sa témérité s'appuyait sur les observations qu'il avait faites à la lunette, alors construite depuis peu. Scrutant les cieux avec davantage de précision que ses prédécesseurs, il obtint la preuve que la Terre n'était pas un centre universel : des satellites gravitaient autour de Jupiter tandis que Vénus, comme la Lune, connaissait des phases. Il publia ces découvertes dans son ouvrage de 1610 *Siderus nuncius,* (*Le Messager des étoiles*).

Fort de sa conviction héliocentrique, Galilée défendit sa thèse dans une lettre à la Grande Duchesse Christine. Il avait affirmé que c'était la rotation de la Terre qui donnait l'impression que le Soleil se déplaçait dans le ciel : aussi se retrouva-t-il convoqué à Rome. Le Vatican voulait bien admettre la validité des observations, les astronomes jésuites ayant fait les mêmes constatations à la lunette. Mais l'Église refusa la théorie de Galilée, décrétant qu'il ne s'agissait que d'une simple hypothèse qu'il ne fallait pas prendre au pied de la lettre en dépit de sa séduisante simplicité. On interdit à Galilée de professer l'héliocentrisme, excluant toute possibilité pour lui de « défendre ou enseigner » cette idée controversée.

« Déclarer hérétique le fait de croire à ce qui est prouvé est sans nul doute nocif pour les âmes. »
Galilée

Les raisons de Kepler À la même époque, un astronome allemand travaillait aussi sur les mathématiques du mouvement des planètes. Johannes Kepler publia son étude de la trajectoire de Mars dans son ouvrage *Astronomia nova* (1609), l'année même où Galilée monta sa lunette. Kepler découvrit que l'ellipse fournissait de l'orbite de la planète rouge autour du Soleil une meilleure description que le cercle. En se libérant des cercles parfaits, il dépassa le modèle de Copernic et améliora les prévisions du mouvement des planètes. Les idées de Kepler sont aujourd'hui considérées comme une loi élémentaire de la physique mais elles étaient très en avance sur leur temps et mirent longtemps à s'imposer. Pour sa part, Galilée les prit en considération.

Même s'il était désormais sous le coup d'un interdit, Galilée restait convaincu que son explication héliocentrique était la bonne. Le pape Urbain VIII lui demanda de rédiger un compte rendu équilibré des deux points de vue : dans son *Dialogue sur les deux grands systèmes du monde*, Galilée irrita le pontife en manifestant sa préférence pour son propre point de vue par rapport à celui de l'Église. Le Vatican le convoqua une nouvelle fois à Rome et le mit en accusation pour avoir bravé l'interdit auquel il était soumis. Galilée fut assigné à résidence jusqu'à la fin de sa vie, en 1642. Ce n'est que quatre siècles plus tard, à l'occasion de l'anniversaire de la publication de l'ouvrage contesté, que le Vatican fit des excuses formelles.

L'idée fait son chemin. Les preuves que l'héliocentrisme était la bonne façon de voir le système solaire se sont peu à peu accumulées au fil des siècles. On vit que les lois de Kepler sur les orbites tenaient bon et elles influencèrent la théorie de la gravitation de Newton. Des planètes plus lointaines furent découvertes et le fait qu'elles tournaient autour du Soleil paraissait évident. Mettre l'Homme au centre de tout n'était plus tenable.

Nicolas Copernic (1473-1543)

Né à Thorn, en Pologne, Copernic reçut une formation de chanoine, suivant des cours de droit, de médecine, d'astronomie et d'astrologie. Il était fasciné par les idées de Ptolémée sur l'ordre de l'Univers tout en les critiquant et préféra élaborer son propre système dans lequel la Terre et les planètes tournent autour du Soleil. L'ouvrage de Copernic, *De revolutionibus orbium cœlestium (De la révolution des sphères célestes)*, publié en mars 1543 – seulement deux mois avant sa mort –, a été une étape cruciale dans l'avènement d'un univers héliocentrique. Mais cela reste loin des idées de l'astronomie moderne.

3

Les lois de Kepler

idée clé

LA LOI DES MONDES

Johannes Kepler recherchait des motifs en toute chose. Examinant les tables astronomiques où étaient relevées les boucles décrites par Mars dans notre ciel, il découvrit trois lois qui régissent la trajectoire des planètes. Il explicita le caractère elliptique de ces trajectoires, les planètes qui sont le plus loin du Soleil se déplaçant le plus lentement autour de lui. Non seulement les lois de Kepler transformèrent l'astronomie mais elles jetèrent les bases de la loi de la gravitation universelle de Newton.

Dans leur mouvement autour du Soleil, les planètes les plus proches de lui se déplacent plus rapidement que celles qui en sont plus éloignées. Mercure ne fait le tour du Soleil qu'en 80 jours terrestres. À la même vitesse, il ne faudrait à Jupiter que 3,5 années terrestres pour parcourir son orbite, alors qu'il lui en faut douze en réalité. Dans leur ballet, les planètes passent les unes devant les autres et, pour un observateur terrestre, certaines semblent parfois rebrousser chemin. Du temps de Kepler, ces mouvements « rétrogrades » constituaient une grande énigme. C'est en la résolvant que vinrent à

Kepler les idées qui le conduisirent à établir ses trois lois du mouvement des planètes.

Des motifs polygonaux Kepler était un mathématicien allemand qui vécut à la fin du XVIe siècle et au début du XVIIe. L'astrologie était alors prise très au sérieux tandis que l'astronomie, en tant que science, en était à ses balbutiements. Pour révéler les lois de la nature, le religieux et le sacré comptaient tout autant que l'observation. Lui-même mystique, Kepler était convaincu que la structure sous-jacente de l'Univers reposait sur des formes géométriques parfaites et il passa sa vie à tenter de dégager d'imaginaires motifs polygonaux parfaits cachés dans les œuvres de la nature.

Les travaux de Kepler vinrent presque un siècle après que l'astronome polonais Nicolas Copernic eut avancé que le Soleil se trouvait au centre de l'Univers et que la Terre tournait autour de lui plutôt que l'inverse. Au début, Kepler adopta le système héliocentrique de Copernic, convaincu que les planètes se déplaçaient autour du Soleil selon des trajectoires circulaires. Il imagina un système dans lequel les orbites des planètes étaient portées par une série de sphères de cristal emboîtées et espacées en respectant les proportions d'une série de polygones, eux-mêmes dotés d'un nombre croissant de côtés et remplissant les sphères. L'idée selon laquelle les lois de la nature suivaient des rapports géométriques fondamentaux était apparue chez les Grecs de l'Antiquité.

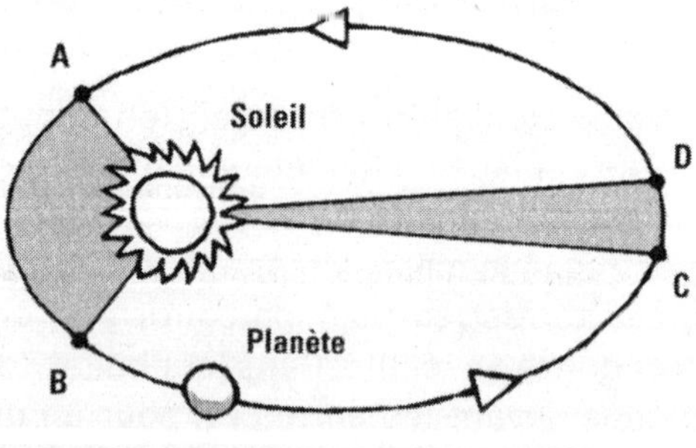

Kepler s'essaya à modeler des orbites de planètes étayant ses idées géométriques et, pour cela, il utilisa les données les plus précises disponibles : les tables complexes des mouvements planétaires dans notre ciel méticuleusement établies par Tycho Brahé. C'est dans ces colonnes de nombres que Kepler discerna des motifs qui lui firent réviser son jugement et lui suggérèrent ses trois lois.

En élucidant le mouvement rétrograde de Mars, Kepler réalisa une avancée décisive. De temps à autre, la planète rouge rebrousse chemin dans notre ciel et effectue une petite boucle. Copernic avait modélisé les boucles en ajoutant à l'orbite principale des petits cercles supplémentaires, des « épicycles ». Mais Kepler remarqua que cela n'était pas en accord avec la précision des mesures récentes.

Il chercha une autre explication et eut un éclair de génie : les boucles rétrogrades s'expliqueraient si les orbites planétaires étaient elliptiques et non circulaires comme on le pensait. Comble d'ironie, cela signifiait que la nature n'était pas bâtie sur des formes géométriques parfaites ainsi que Kepler le croyait. Mais il eut le courage de se rendre à l'évidence et de changer d'avis.

« Quelque chose me frappa soudain :
ce joli petit pois bleu était la Terre. Je levai mon pouce
et fermai un œil : mon pouce masqua la Terre.
Loin d'avoir l'impression d'être un géant,
je me sentis petit, tout petit. »
Neil Armstrong

Lois de Kepler

Première loi Les planètes décrivent une ellipse dont le Soleil occupe l'un des foyers.

Deuxième loi Quand une planète parcourt son orbite, le rayon Soleil-planète balaie des aires égales en des intervalles de temps égaux.

Troisième loi Les périodes orbitales sont liées à la taille des ellipses, le carré de la période étant proportionnel au cube du grand axe de l'orbite.

Orbites La première loi de Kepler dit que les planètes suivent des orbites elliptiques dont le Soleil occupe l'un des deux foyers. La deuxième loi décrit la vitesse avec laquelle une planète se déplace sur son orbite : en parcourant sa trajectoire, une planète balaie des aires égales en des intervalles de temps égaux. Ces aires sont celles des portions angulaires formées par le Soleil et les deux positions de la planète (AB ou CD), comme une part de tarte. Les orbites étant elliptiques, pour balayer une aire donnée, il faut qu'elle parcoure une distance plus grande quand elle est proche du Soleil que lorsqu'elle en est loin. Une planète se déplace donc plus vite lorsqu'elle est proche du Soleil. La loi de Kepler lie vitesse et distance au Soleil : bien que Kepler ne s'en soit pas rendu compte, cela est dû à la gravitation qui accélère la planète d'autant plus qu'elle est proche de la masse du Soleil.

« Nous ne sommes qu'une race avancée de singes sur une planète mineure tournant autour d'une étoile très moyenne. Mais nous sommes capables de comprendre l'Univers, ce qui fait de nous quelque chose de tout à fait à part. »
Stephen Hawking

La troisième loi va encore plus loin en expliquant comment les périodes orbitales varient selon la taille des ellipses en suivant toute l'échelle des distances des planètes au Soleil. Elle énonce que le carré de la période orbitale est proportionnel au cube de la longueur du grand axe de l'ellipse de l'orbite. Plus grande est l'ellipse, plus longue est la période, c'est-à-dire plus il faut de temps pour parcourir l'orbite. Les planètes les plus éloignées se déplacent plus lentement que les plus proches. Il faut près de 2 années terrestres à Mars pour opérer une révolution, 29 à Saturne et 165 à Neptune.

«Je mesurais les cieux, je mesure à présent les ombres de la Terre. L'esprit était céleste, ci-gît l'ombre du corps.»
Épitaphe de Johannes Kepler

Avec ses trois lois, Kepler parvint à décrire les orbites de toutes les planètes de notre système solaire. Ses lois s'appliquent également à tout corps en orbite autour d'un autre, qu'il s'agisse de comètes, d'astéroïdes ou de satellites dans notre système solaire, de planètes autour d'autres étoiles ou même des satellites artificiels filant autour de la Terre. Quatre siècles après qu'il les eut formulées, ses lois demeurent un pilier de la physique. Mais il y a plus : Kepler a été novateur en étant l'un des premiers à utiliser les méthodes scientifiques en usage de nos jours : observer et analyser afin de tester les théories.

Kepler parvint à unifier les principes en des lois géométriques dont il ignorait la cause. Il pensait qu'elles provenaient de configurations géométriques sous-jacentes de la nature. Il revint à Newton de les fondre dans une théorie de la gravitation universelle.

Johannes Kepler (1571-1680)

Johannes Kepler s'intéressa à l'astronomie dès l'enfance, allant jusqu'à noter dans son journal, alors qu'il n'avait pas dix ans, le passage d'une comète ainsi qu'une éclipse de Lune. Durant les années où il enseigna à Graz, il publia une théorie cosmologique dans un ouvrage intitulé *Mysterium cosmographicum* (*Les Mystères du Cosmos*). Il devint ensuite l'assistant de Tycho Brahé dans son observatoire situé près de Prague ; il lui succéda en tant que Mathématicien impérial en 1601, chargé de préparer l'horoscope de l'Empereur. Kepler analysa les tables astronomiques de Tycho Brahé et publia ses théories relatives aux orbites non circulaires ainsi que ses première et deuxième lois dans *Astronomia nova* (*La Nouvelle Astronomie*). En 1620, la mère de Kepler, guérisseuse utilisant les vertus médicinales des plantes, fut accusée de sorcellerie et emprisonnée. Kepler dut mener une grande bataille judiciaire pour la faire libérer. Il parvint néanmoins à poursuivre ses travaux et sa troisième loi fut publiée dans son célèbre *Harmonices mundi* (*L'Harmonie des mondes*).

4

La gravitation de Newton

idée clé
LES MASSES S'ATTIRENT

Newton fit un pas de géant en rapprochant les trajectoires des boulets de canon de celles de planètes, reliant ainsi la Terre et les cieux. Ses lois de la gravitation demeurent parmi les concepts les plus féconds de la physique, fournissant la clé des mouvements aussi bien sur Terre qu'ailleurs dans l'Univers. Newton avança que tous les corps s'attirent entre eux grâce à la force gravitationnelle, dont l'intensité décroît en raison du carré de la distance.

On dit que c'est la chute d'une pomme depuis un arbre qui donna à Newton l'idée de gravité. Quoi qu'il en soit, il fallut à Newton un gros effort d'imagination pour mettre au point des lois valides pour les mouvements tant terrestres que célestes. Il comprit que les objets étaient attirés au sol par quelque force qui les accélérait. Les pommes tombent des arbres mais que se passerait-il si ces derniers étaient encore plus hauts ? S'ils atteignaient la Lune ? Pourquoi celle-ci ne tombe-t-elle pas sur la Terre comme le fait une pomme ? Autant de questions...

Tout tombe La réponse de Newton se trouve dans ses lois du mouvement reliant forces, masse et accélération. Un boulet tiré par un canon franchit une certaine distance avant de retomber au sol. Qu'en serait-il si le tir lui avait communiqué une vitesse plus élevée ? La distance franchie aurait été plus grande. Et s'il s'était déplacé en ligne droite à une vitesse telle que, sous lui, la Terre commencerait à s'incurver : où tomberait-il ? Newton se rendit compte qu'il aurait été attiré vers la Terre mais aurait alors suivi une orbite circulaire, tout comme un satellite est attiré en permanence vers le sol mais ne l'atteint jamais.

En athlétisme, les lanceurs de marteau tournoient sur eux-mêmes et c'est la tension du fil sur le marteau qui permet à ce dernier de conserver un mouvement circulaire. Sans cette tension, le marteau s'échapperait en ligne droite, exactement comme il le fait quand il est libéré. Il en est de même du boulet de canon de Newton : sans la force centripète reliant le projectile à la Terre, il s'éloignerait dans l'espace. Allant plus loin, Newton se dit que la Lune elle-même reste suspendue dans le ciel car elle y est maintenue par les liens invisibles de la gravitation. Sans cette dernière, même elle s'échapperait dans l'espace.

« La gravité est une habitude dont il est difficile de se débarrasser. »
Terry Pratchett

Loi en carré inverse Newton tenta ensuite de quantifier ses prédictions. Après des échanges épistolaires avec son contemporain Robert Hooke, il montra que la gravité suit une loi en carré inverse : son intensité décroît en raison du carré de la distance à un corps. Ainsi, si vous doublez votre distance par rapport à un certain corps, la force de gravité qu'il exerce est quatre fois plus petite. L'attraction exercée par le Soleil sur une planète qui serait deux fois plus éloignée de lui que la Terre serait quatre fois plus petite, et neuf fois plus petite si la distance était trois fois plus grande.

La loi de la gravité de Newton en carré inverse explique en une seule équation les orbites de toutes les planètes telles que les décrivent les trois lois de Kepler (voir page 14). La loi de Newton prédit que les planètes se déplacent sur leur trajectoire elliptique plus rapidement lorsqu'elles sont proches du Soleil : l'intensité de la force d'attraction exercée par ce dernier est alors plus grande et c'est cela qui les accélère. Cette augmentation de leur vitesse les éloigne du Soleil, ce qui les ralentit peu à peu. C'est ainsi que Newton fusionna tous les travaux de ses prédécesseurs en une seule et profonde théorie.

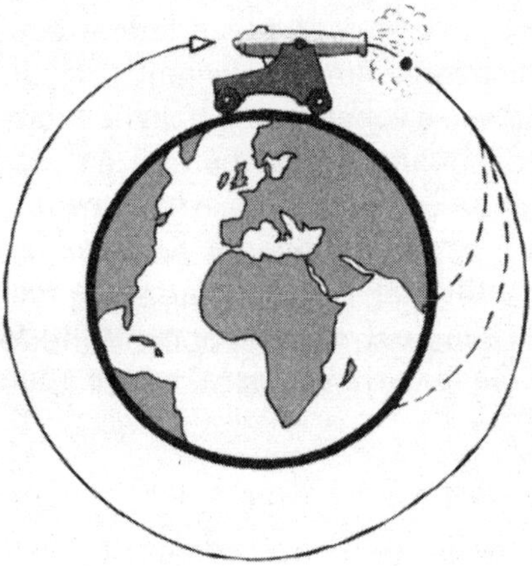

Loi universelle Dans une généralisation audacieuse, Newton affirma que sa théorie de la gravitation s'appliquait à tout dans l'Univers. Tout corps exerce une force de gravité proportionnelle à sa masse et inversement proportionnelle au carré de la distance. C'est ainsi que deux corps quelconques s'attirent mais, les forces gravitationnelles étant faibles, nous ne le remarquons vraiment que pour des corps très massifs tels le Soleil, la Terre et les autres planètes.

En y regardant de plus près, il est cependant possible d'observer de minuscules variations de l'intensité de la pesanteur à la surface de la Terre. De grandes montagnes, une variation de la densité des couches rocheuses peuvent augmenter ou réduire localement l'intensité de la pesanteur : on peut ainsi, à l'aide d'un gravimètre, dresser une carte et approfondir nos connaissances sur la structure de la croûte terrestre. Les archéologues aussi utilisent les minuscules variations de la gravité pour repérer des vestiges enfouis. Récemment, des scientifiques ont utilisé des satellites capables de mesurer la gravité pour relever l'épaisseur – en baisse – de la calotte glaciaire aux pôles ainsi que pour détecter les modifications de la croûte terrestre consécutives à de violents tremblements de terre.

Accélération

À la surface de la Terre, l'accélération due à la pesanteur d'un corps en chute libre, g, est de 9,81 mètres par seconde.

« Dans l'univers, deux corps quelconques s'attirent suivant la droite passant par leurs centres, avec une force proportionnelle à la masse et inversement proportionnelle au carré de la distance. »

Isaac Newton

Mais revenons au XVIIe siècle. Newton regroupa toutes ses idées sur la gravitation en un seul livre, *Philosophiae naturalis principia mathematica*, les *Principia*. Publié en 1687, il apparaît toujours comme une étape majeure de l'histoire des sciences. La gravitation universelle de Newton expliquait non seulement les mouvements des planètes et de leurs lunes mais aussi ceux des projectiles, des pendules... et des pommes. Elle expliquait les orbites des comètes, l'origine des marées aussi bien que les oscillations de l'axe terrestre. Cette œuvre a installé Newton au Panthéon des plus grands scientifiques de tous les temps.

Relativité La loi de la gravitation universelle de Newton a résisté pendant plusieurs centaines d'années et fournit encore, de nos jours, une description élémentaire du mouvement des corps. Mais la science ne stagne pas et les scientifiques du XXe siècle ont bâti sur ces fondations – particulièrement Einstein avec sa théorie de la Relativité générale. La théorie newtonienne de la gravitation fonctionne bien pour la plupart des objets de notre quotidien ; il en est de même pour le comportement des planètes, des comètes et des astéroïdes du système solaire qui sont dispersés à de grandes distances du Soleil, là où son attraction gravitationnelle est relativement faible. La loi de la gravitation de Newton était même suffisamment puissante pour permettre de prédire la position de Neptune, découverte en 1846 à l'endroit attendu au-delà de l'orbite d'Uranus. Mais c'est l'orbite d'une autre planète, Mercure, qui nécessita une physique plus élaborée que celle de Newton. La Relativité générale est nécessaire pour rendre compte de situations où la gravité est intense, comme c'est le cas près du Soleil, des étoiles et des trous noirs.

Isaac Newton (1643-1727)

Isaac Newton a été le premier scientifique à être anobli en Grande-Bretagne. Considéré à l'école comme un élève paresseux et inattentif, puis comme un étudiant tout à fait quelconque, il s'épanouit soudain quand la peste contraignit l'université à fermer à l'été 1665. De retour chez lui, dans le Lincolnshire, il se consacra aux mathématiques, à la physique et à l'astronomie et jeta même les bases du calcul différentiel. C'est là qu'il formula les premières versions de ses trois lois du mouvement et en déduisit la loi de la gravité en carré inverse. Après un tel déchaînement d'idées remarquables, Newton fut élu à la Chaire lucasienne de mathématiques en 1669 – il n'avait pas 27 ans. Il se tourna vers l'optique et découvrit, à l'aide d'un prisme, que la lumière blanche était constituée des couleurs de l'arc-en-ciel : ses controverses sur le sujet avec Robert Hooke et Christian Huygens sont célèbres. Newton écrivit deux œuvres majeures : *Philosophiae naturalis principia mathematica*, ou *Principia*, et *Opticks, L'Optique*. Sur le tard, il s'engagea politiquement, défendant les libertés universitaires alors que le roi Jacques II tentait de s'immiscer dans les questions de nominations universitaires. Il entra au Parlement en 1689. Plein de contradictions, il souhaitait d'un côté être en pleine lumière et, de l'autre, rester dans l'ombre, essayant de se mettre à l'abri des critiques. Newton usa de sa position dominante pour combattre férocement ses adversaires scientifiques et resta querelleur jusqu'à sa mort.

5

L’optique de Newton

idée clé

AU-DELÀ DE L’ARC-EN-CIEL

Les propriétés physiques de la lumière permettent aux astronomes de révéler bien des secrets de l’Univers. Isaac Newton fut l’un des premiers à tenter d’en percer la nature. En faisant passer de la lumière blanche à travers un prisme, il découvrit qu’elle se décomposait dans toutes les nuances de l’arc-en-ciel et montra que ces couleurs étaient contenues dans la lumière blanche et non produites par le prisme. Nous savons aujourd’hui que la lumière visible n’est qu’une partie du spectre des ondes électromagnétiques, qui s’étend des ondes radio aux rayons gamma.

Braquez un faisceau de lumière blanche à travers un prisme: les rayons émergents s’éparpillent en toutes les couleurs de l’arc-en-ciel. Ce dernier se forme de la même manière: la lumière du Soleil est scindée pour former toute la palette du spectre familier: rouge, orange, jaune, vert, bleu, indigo et violet.

Dans les années 1660, Newton se livra chez lui à des expériences et démontra, à l’aide de faisceaux lumineux et de prismes, que les nombreuses couleurs de la lumière pouvaient être combinées pour restituer de la lumière blanche. Les couleurs n'étaient pas le résultat de mélanges, pas plus qu'elles n'étaient produites par le prisme lui-même comme on le croyait, mais constituaient les éléments de base. Newton isola des faisceaux de lumière rouge et bleue et montra que le passage à travers d'autres prismes ne pouvait plus les décomposer, prouvant ainsi leur caractère élémentaire.

Ondes de lumière Poursuivant ses expériences, il parvint à la conclusion que la lumière se comporte par beaucoup d'aspects comme les vagues. La lumière est déviée par des obstacles tout comme les vagues autour de la digue d'un port. On peut aussi combiner les faisceaux pour renforcer ou, au contraire, annuler leur luminosité comme s'annulent les vagues qui se chevauchent.

Les vagues sont des mouvements à grande échelle d'invisibles molécules d'eau. Aussi Newton pensait-il que les ondes lumineuses étaient, en fin de compte, les rides formées par de minuscules particules de lumière, les «corpuscules», qui étaient même plus petits que les atomes.

Ce que Newton ne savait pas et qui ne fut découvert que des siècles plus tard, c'est que les ondes lumineuses sont des ondes électromagnétiques – les ondes de champs électriques et magnétiques couplés – et non la vibration de particules solides. Lorsqu'on découvrit le caractère ondulatoire de la lumière, les idées corpusculaires de Newton furent abandonnées. Mais elles ressurgirent sous une nouvelle forme quand Albert Einstein montra que la lumière pouvait parfois se comporter comme un faisceau de particules transportant de l'énergie mais n'ayant pas de masse.

« La lumière nous donne des nouvelles de l'Univers. »

Sir William Bragg

À travers le spectre Les différentes couleurs de la lumière sont la manifestation du fait que ces ondes électromagnétiques ont des longueurs d'ondes différentes. La longueur d'onde est la distance entre deux crêtes consécutives d'une onde. Lorsqu'elle traverse un prisme, la lumière blanche se scinde en de nombreuses couleurs, chacune déviée par le verre selon un angle différent en fonction de sa longueur d'onde, la lumière rouge l'étant le moins et la bleue le plus. Le spectre de la lumière visible apparaît alors dans l'ordre des longueurs d'onde, depuis celle du rouge, la plus grande, jusqu'à celle du bleu, la plus petite, en passant par toutes les autres couleurs de l'arc-en-ciel.

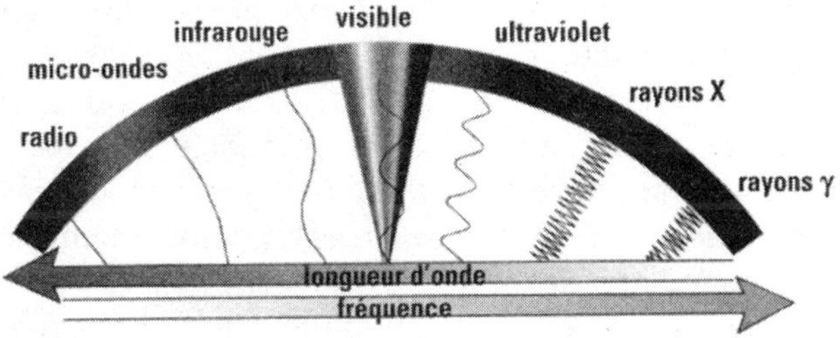

Qu'y a-t-il aux extrémités de l'arc-en-ciel? La lumière visible n'est qu'une partie du spectre électromagnétique. Elle a pour nous une grande importance du fait que nos yeux se sont développés pour être sensibles à cette partie du spectre. Les longueurs d'onde de la lumière visible sont, en gros, à la même échelle qu'atomes et molécules – quelques centaines de millionièmes de millimètres. Aussi les interactions entre lumière visible et atomes sont-elles importantes. Nos yeux ont évolué pour s'adapter à la lumière visible parce qu'elle est très sensible à la structure atomique. Le fonctionnement de notre vue fascinait Newton. Il est allé jusqu'à s'enfoncer une aiguille émoussée entre l'œil et la paroi de l'orbite pour observer la façon dont la pression affectait sa perception des couleurs.

En deçà de la lumière rouge, il y a l'infrarouge, dont la longueur d'onde est de quelques millionièmes de mètres. Les rayons infrarouges transportent la lumière du Soleil et sont aussi captés par les lunettes à vision nocturne pour « voir » la chaleur des corps. Plus grandes encore – de quelques millimètres à quelques centimètres –, il y a les longueurs d'onde des micro-ondes puis celles des ondes radio – quelques mètres ou plus. Les fours à micro-ondes utilisent des rayons électromagnétiques pour agiter les molécules d'eau contenues dans les aliments, ce qui les réchauffe. À l'autre extrémité du spectre, au-delà du bleu, on trouve les rayons ultraviolets. Ils sont produits par le Soleil et peuvent endommager notre peau mais la plupart sont arrêtés par la couche d'ozone. Plus courtes sont les longueurs d'onde des rayons X, utilisés dans les hôpitaux parce qu'ils traversent les tissus humains, les plus petites longueurs d'ondes étant celles des rayons gamma. Les astronomes observent l'Univers à toutes ces longueurs d'onde.

Photons Mais la lumière ne se comporte pas toujours comme une onde : Newton avait en partie raison. Les rayons lumineux transportent de l'énergie qu'ils délivrent en minuscules paquets, appelés photons, qui n'ont pas de masse et se déplacent à la vitesse de la lumière. C'est Einstein qui le découvrit en observant qu'un rayon ultraviolet braqué sur un métal y faisait naître un courant électrique : c'est l'effet photoélectrique. De tels courants apparaissent avec des rayons de lumière bleue ou ultraviolette mais pas avec de la lumière rouge. Même un faisceau brillant de lumière rouge est incapable de provoquer l'apparition d'un courant électrique. Une charge se met en mouvement seulement lorsque la fréquence de la lumière franchit un certain seuil qui dépend du métal. Ce seuil traduit le fait qu'une certaine quantité d'énergie doit être accumulée pour pouvoir déplacer une charge.

« La nature et ses lois se cachaient dans la nuit.
Dieu dit : "Que Newton soit !"
Et tout fut lumière. »
Alexander Pope (Épitaphe en hommage à Newton)

Ondes de matière

En 1924, Louis-Victor de Broglie a suggéré l'idée inverse que les particules de matière puissent aussi se comporter comme des ondes. Il avança que tout corps possédait une longueur d'onde associée, et donc que la dualité onde-particule était universelle. Trois ans plus tard, le concept d'onde de matière fut confirmé lorsqu'on observa des électrons diffracter et interférer exactement comme la lumière. Aujourd'hui, les physiciens ont aussi vu des particules plus grosses se comportant comme des ondes – des neutrons, des protons et même, il y a peu, des molécules, y compris ces microscopiques molécules de carbone en forme de ballons de football de carbone nommées « footballènes ». Les objets plus gros ont de minuscules longueurs d'onde, trop petites pour être vues, ce qui fait que nous ne pouvons pas remarquer leur comportement ondulatoire. Une balle de tennis traversant un court a une longueur d'onde de 10^{-34} mètre, ce qui est bien plus petit que le diamètre d'un proton (10^{-15} mètre).

En 1905, Einstein présenta une explication géniale. C'est davantage cela que la Relativité qui lui valut le prix Nobel en 1921. Plutôt que décrire un métal plongé dans un bain d'ondes lumineuses continues, il avança que l'effet photoélectrique était produit par des billes individuelles de lumière qui percutaient les électrons et les mettaient en mouvement. Chaque photon transportant une certaine énergie, en rapport avec sa propre fréquence, celle de l'électron percuté est aussi en rapport avec la fréquence de la lumière.

Un photon de lumière rouge (avec une basse fréquence) ne transporte pas suffisamment d'énergie pour déloger un électron, mais un photon de lumière bleue (une lumière de plus haute fréquence) en possède davantage et peut le mettre en mouvement. Un photon ultraviolet possède davantage d'énergie et peut culbuter un électron et lui conférer une vitesse plus grande encore. Augmenter l'intensité de la lumière ne change rien : à quoi sert d'avoir davantage de photons rouges si aucun d'entre eux n'est capable de déplacer un électron ? C'est un peu comme bombarder un lourd 4 × 4 avec des balles de ping-pong. Cette idée d'Einstein de quanta de lumière a tout d'abord été impopulaire mais les choses changèrent quand des expériences montrèrent que sa théorie farfelue était vraie. Elles confirmèrent que l'énergie des électrons libérés augmentait proportionnellement à la fréquence de la lumière.

Dualité onde-particule La proposition d'Einstein faisait naître cette idée dérangeante que la lumière était à la fois onde et particule, ce qu'on appelle la dualité onde-particule. Les physiciens se débattent toujours avec cette question. De nos jours, nous pensons même que la lumière paraît savoir choisir le comportement adapté aux différentes circonstances. Si l'on fait une expérience pour mesurer ses propriétés ondulatoires – comme la faire passer à travers un prisme –, elle se fait onde. Mais si vous essayez plutôt de mesurer ses propriétés de particule, elle se montre tout aussi obligeante. Elle est vraiment les deux !

6

L'effet Doppler

idée clé
ÉTIREMENT

Il nous est arrivé à tous d'entendre le hurlement de la sirène d'une ambulance baisser de ton quand elle nous dépasse à toute allure. Les ondes en provenance d'une source qui s'approche parviennent comprimées et apparaissent ainsi comme ayant une fréquence plus élevée. De même, les ondes sont étirées, et nous atteignent donc plus lentement, quand elles proviennent d'une source qui s'éloigne. C'est ce qu'on appelle l'effet Doppler, utilisé pour mesurer la vitesse des voitures, le flux sanguin et – c'est là qu'on retrouve le décalage vers le rouge – les mouvements des étoiles et des galaxies dans l'Univers.

L'effet Doppler fut pour la première fois mis en évidence en 1842 par un mathématicien et astronome autrichien, Christian Doppler. Il se produit du fait du mouvement du véhicule par rapport à l'observateur. Pendant son approche, les ondes sonores s'entassent, la distance entre les fronts d'onde s'amenuise et le son devient plus élevé. Quand il s'éloigne, les fronts d'onde prennent régulièrement plus de temps à nous atteindre, les intervalles s'allongent et le ton baisse.

Va-et-vient Imaginez que quelqu'un se trouvant dans un train en mouvement vous lance des balles sans s'arrêter à raison d'une balle toutes les trois secondes, le rythme étant fixé par sa montre. Si le déplacement se fait vers vous, à chaque tranche de trois secondes, les balles mettront un peu moins de temps à vous parvenir parce qu'elles sont envoyées à chaque fois d'un peu plus près. Vu par celui qui rattrape les balles, le rythme semblera s'accélérer. De même, alors que le train s'éloigne, les balles mettront un peu plus de temps à vous parvenir parce qu'elles parcourront une distance un peu plus longue à chaque lancer et la fréquence avec laquelle elles vous parviennent vous semblera plus basse. Si vous pouvez mesurer ce décalage dans le temps avec votre propre montre, alors vous serez capable de mesurer la vitesse du train du lanceur. L'effet Doppler s'applique à tout objet en mouvement par rapport à un autre. Ce serait la même chose si c'était vous qui étiez dans le train et que le lanceur se tenait sur une plateforme immobile. En tant que moyen de mesurer des vitesses, l'effet Doppler a de nombreuses applications : il est utilisé aussi bien en médecine pour mesurer le flux sanguin que dans les radars placés le long des routes pour prendre sur le fait les coupables d'excès de vitesse.

Exoplanètes

On a découvert plus de 200 planètes en orbite autour d'autres étoiles que le Soleil. La plupart sont des géantes gazeuses semblables à Jupiter bien que sur des orbites beaucoup plus rapprochées que la sienne. Mais quelques-unes sont peut-être des planètes rocheuses de taille semblable à celle de notre Terre. Environ une étoile sur dix est entourée de planètes et cela a alimenté les spéculations sur le fait que certaines pourraient même abriter des formes de vie. La grande majorité des planètes a été découverte par la petite attraction gravitationnelle qu'elles exercent sur leur étoile. Les planètes sont petites comparées à l'étoile autour de laquelle elles gravitent ce qui fait qu'elles sont occultées par l'éclat de celle-ci. Mais la masse d'une planète perturbe un peu le mouvement d'une étoile et ce roulis peut se signaler comme un décalage de fréquence dû à l'effet Doppler dans un trait caractéristique du spectre de l'étoile. Les premières planètes extrasolaires ont été détectées autour d'un pulsar en 1992, autour d'une étoile ordinaire en 1995. Leur repérage est désormais chose banale mais les astronomes recherchent toujours des systèmes solaires semblables au nôtre et combien il existe de configurations planétaires. On attend des nouveaux observatoires spatiaux, comme celui installé dans la sonde Kepler, lancée par la NASA en 2009, qu'ils localisent de nombreuses planètes semblables à la Terre.

Mouvement dans l'espace L'effet Doppler intervient souvent en astronomie, apparaissant à chaque fois que de la matière est en mouvement. Par exemple, la lumière provenant d'une planète en orbite autour d'une étoile lointaine révélera un décalage qui lui est dû : pendant qu'elle se rapproche de nous, sa fréquence augmente tandis que, pendant qu'elle s'éloigne, sa fréquence baisse. La lumière d'une planète qui s'approche est dite « décalée vers le bleu », celle d'une planète qui s'éloigne « décalée vers le rouge ». Depuis les années 1990, des centaines de planètes ont été repérées autour d'étoiles lointaines parce qu'on avait découvert ce motif incrusté au cœur de l'éclat de l'étoile centrale.

« Peut-être les peuples lointains d'autres planètes ne perçoivent-ils de nous que les longueurs d'onde d'un hurlement continu. »
Iris Murdoch

Les décalages vers le rouge n'apparaissent pas seulement dans les mouvements orbitaux des planètes mais aussi du fait de l'expansion de l'Univers – on parle alors de décalage cosmologique vers le rouge : si la distance qui nous sépare d'une galaxie lointaine augmente au fur et à mesure de l'expansion de l'Univers, cela équivaut à dire que la galaxie s'éloigne de nous avec une certaine vitesse. De la même façon, deux points situés sur un ballon qu'on gonfle paraissent s'éloigner l'un de l'autre. Par suite, la lumière provenant de la galaxie est décalée vers de plus basses fréquences parce que les ondes lumineuses doivent effectuer un trajet de plus en plus long avant de nous atteindre. Voilà pourquoi les galaxies lointaines paraissent plus rouges que celles qui sont plus proches. À strictement parler, il ne s'agit pas là d'un véritable effet Doppler : la galaxie qui fuit n'est pas en mouvement par rapport aux objets de son voisinage ; c'est, en fin de compte, l'espace intermédiaire qui s'étire.

Doppler lui-même – il faut le lui reconnaître – vit que l'effet qui porte désormais son nom pourrait être utile aux astronomes, même s'il ne pouvait prévoir tout ce qui en a découlé. Il affirma avoir vu cet effet révélé dans les couleurs de la lumière provenant d'étoiles doubles mais, à son époque, cela fut mis en doute. Doppler était un scientifique original et inventif mais son enthousiasme allait parfois au-delà de ses possibilités expérimentales. Cela dit, quelques décennies plus tard, les décalages galactiques vers le rouge furent mesurés par l'astronome Veto Slipher, ouvrant la voie au développement de la théorie du Big Bang comme modèle de l'Univers. Et, de nos jours, l'effet Doppler peut nous permettre d'identifier des mondes gravitant autour d'étoiles lointaines dont il se pourrait même qu'elles abritent la vie.

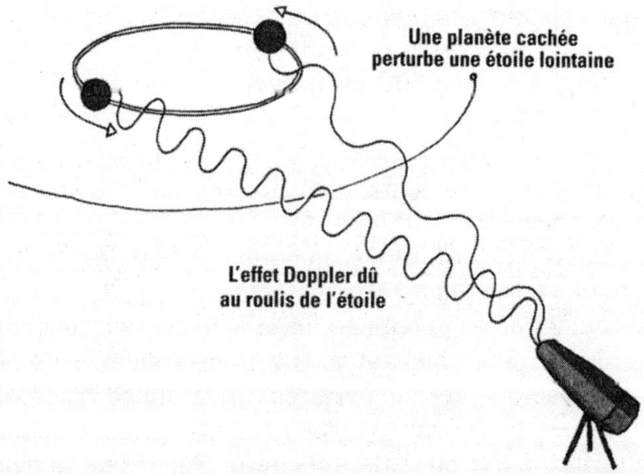

Décalage vers le rouge et mesure des distances

Les décalages vers le rouge ou vers le bleu sont exprimés par le rapport entre les longueurs d'onde (ou la fréquence) observée et émise par un objet. Les astronomes expriment cette modification en utilisant le symbole sans dimension z en sorte que le rapport entre longueurs d'onde observée et émise soit égal à $1 + z$.
Ainsi définis, les décalages vers le rouge sont utilisés comme raccourcis pour parler de la distance à un objet astronomique. Pour une galaxie à $z = 1$, par exemple, la lumière que nous observons a une longueur d'onde deux fois plus grande que lors de son émission. La distance d'un tel objet serait de la moitié de l'Univers. Pour les galaxies les plus lointaines que nous connaissons z est compris entre 7 et 9, soit à une distance représentant 80 % de l'Univers. Le fond diffus cosmologique – ce que nous pouvons voir de plus loin – est à z approximativement égal à 1 000.

Christian Doppler (1803-1853)

Christian Doppler est né dans une famille de tailleurs de pierre à Salzbourg, en Autriche. Il était trop fragile pour poursuivre dans la voie familiale et partit plutôt à Vienne afin d'y étudier les mathématiques, la philosophie et l'astronomie. Avant de trouver un emploi universitaire à Prague, il travailla comme comptable et envisagea même d'émigrer aux États-Unis. Bien que promu professeur, Doppler s'épuisa à la tâche et sa santé en souffrit. Un de ses amis a écrit : « L'Autriche dispose en cet homme d'un génie dont on a peine à imaginer à quel point il peut être fécond. J'ai écrit (...) à de nombreuses personnes qui pourraient éviter qu'il ne meure sous le joug et le préserver pour la science.
Malheureusement, je crains le pire. »
Finalement, Doppler quitta Prague pour retourner à Vienne. En 1842, il publia un article décrivant le décalage de la lumière des étoiles, ce que nous nommons aujourd'hui l'effet Doppler : « Il est pratiquement certain que, dans un futur relativement proche, cela offrira aux astronomes des moyens opportuns pour déterminer mouvements et distances de telles étoiles. » Bien que jugé original, cet article reçut un accueil mitigé de la part d'autres savants éminents. Les détracteurs de Doppler s'interrogeaient sur ses aptitudes mathématiques tandis que ses amis tenaient en haute estime ses facultés d'invention scientifique et son intuition.

7

Le paradoxe d'Olbers

idée clé

L'UNIVERS EST FINI

Pourquoi le ciel nocturne est-il noir ? Si l'Univers était infini et avait existé depuis toujours, il devrait alors être aussi brillant que le Soleil – ce qu'il n'est pas. En scrutant le ciel nocturne, vous avez sous les yeux l'histoire de l'Univers tout entière. Le nombre d'étoiles est fini ce qui a pour conséquence que l'Univers est lui-même fini, de même que son âge. Le paradoxe d'Olbers a ouvert la voie à la cosmologie moderne et au modèle du Big Bang.

Peut-être pensez-vous que cartographier l'Univers tout entier ou passer en revue son histoire est chose difficile pour laquelle il faudrait de coûteux satellites dans l'espace, d'énormes télescopes au sommet de montagnes lointaines, ou encore un cerveau comme celui d'Einstein. Mais, en sortant par une nuit claire, vous pouvez faire une observation qui est tout aussi profonde que la Relativité générale : la nuit est noire. Bien que considéré comme allant de soi, le fait qu'elle est noire et non brillante comme le Soleil nous dit beaucoup de choses sur l'Univers.

Lumière d'étoile Si l'Univers était infini, s'étendant à tout jamais dans toutes les directions, alors, dans quelque direction que nous regardions, nous finirions par voir une étoile. Dans chaque direction, le regard buterait sur la surface d'une étoile. En s'éloignant de la Terre, l'espace serait rempli de toujours plus d'étoiles. Ce serait comme regarder à travers une forêt : à proximité, on peut distinguer des troncs individuels, d'autant plus grands qu'ils sont proches, mais de plus en plus d'arbres lointains rempliraient votre champ de vision. Pour peu que la forêt soit vraiment grande, il vous serait impossible de voir le paysage au-delà. C'est ce qui se produirait si l'Univers était infiniment grand. Quand bien même les étoiles sont plus distantes que ne le sont les arbres, en fin de compte, il y en aurait suffisamment pour boucher complètement votre vue. Si toutes les étoiles étaient comme le Soleil, alors chaque point du ciel serait rempli de lumière. Même si une seule étoile lointaine luit faiblement, il y a d'autres d'étoiles à la même distance. En ajoutant leur luminosité, elles fourniraient autant de lumière que le Soleil – et le ciel nocturne dans son ensemble devrait être aussi brillant que le Soleil.

À l'évidence, les choses ne sont pas ainsi. Le paradoxe de la nuit noire avait été remarqué par Kepler au XVIIe siècle mais il n'a été formulé qu'en 1823 par l'astronome allemand Heinrich Olbers. Les solutions de ce paradoxe sont profondes. Il y a plusieurs explications possibles, chacune recélant des éléments de vérité qui sont aujourd'hui compris, et adoptés, par les astronomes. Néanmoins, il est extraordinaire qu'une observation aussi simple puisse dire autant de choses.

Vision interrompue La première explication est que l'Univers n'est pas infiniment grand. Il doit s'arrêter quelque part. Il doit donc comporter un nombre fini d'étoiles ce qui fait que certains regards ne rencontrent pas d'étoile. De façon similaire, en vous tenant à la lisière de la forêt, ou dans un petit bois, vous pouvez voir le ciel au-delà.

Une autre explication possible pourrait être que les étoiles les plus lointaines sont moins nombreuses et ne s'ajoutent donc pas pour fournir autant de lumière. La lumière se déplaçant à une vitesse précise, celle provenant d'étoiles lointaines met plus de temps à nous atteindre que celle des étoiles plus proches. La lumière du Soleil met huit minutes à nous parvenir, mais il faut quatre ans à celle d'Alpha du Centaure, l'étoile la plus proche de nous et pas moins de 100000 ans pour la lumière des étoiles situées de l'autre côté de notre propre galaxie. La lumière qui nous vient de la galaxie la plus proche, Andromède, met deux millions d'années à nous atteindre : c'est l'objet le plus lointain que nous pouvons voir à l'œil nu. Aussi, quand nous nous efforçons de voir toujours plus loin dans l'Univers, nous regardons vers le passé et les étoiles lointaines nous apparaissent plus jeunes que celles qui nous sont proches : leur lumière a voyagé plus longtemps avant de nous atteindre. Cela pourrait nous être d'un certain secours avec le paradoxe d'Olbers si ces étoiles plus jeunes sont aussi plus rares que celles de notre voisinage. Les étoiles semblables au Soleil vivent environ 10 milliards d'années (les plus grosses vivent moins longtemps, les moins grosses plus longtemps) et le fait que les étoiles aient une durée de vie finie pourrait expliquer le paradoxe. Il n'y a pas d'étoiles dans l'Univers primitif parce qu'elles n'ont pas eu le temps de naître. Les étoiles n'ont donc pas existé depuis toujours.

Les étoiles distantes peuvent aussi luire plus faiblement que le Soleil à cause du décalage vers le rouge. L'expansion de l'Univers étire les longueurs d'onde rendant plus rouge la lumière qui provient des étoiles lointaines. Ces dernières apparaîtront donc un peu plus froides que nos voisines. Cela peut aussi limiter la quantité de lumière qui nous arrive des confins de l'Univers.

Des idées plus farfelues ont été aussi mises en avant, comme la lumière lointaine arrêtée par la suie produite par des civilisations extraterrestres, ou par des aiguilles d'acier, ou encore une étrange poussière grise. Mais toute lumière absorbée aurait été réémise sous forme de chaleur et aurait donc été découverte ailleurs dans le spectre. Les astronomes ont traqué la lumière dans le ciel nocturne à toutes les longueurs d'onde, depuis les fréquences radio jusqu'aux rayons gamma, et ils n'ont rien repéré qui indique que la lumière visible des étoiles est arrêtée.

« Si les étoiles se succédaient sans fin,
le fond du ciel s'offrirait à nous comme uniformément lumineux, comme le fait la Galaxie, puisqu'il ne pourrait y avoir absolument aucun point,
dans tout cet arrière-plan céleste, sans une étoile. »
Edgar Allan Poe

Obscurité

La beauté de la nuit noire devient d'accès difficile à cause du halo de lumière de nos villes. Par une nuit claire, partout, les peuples anciens ont pu lever les yeux sur une épine dorsale lumineuse d'étoiles, étirée à travers les cieux. Même dans les grandes villes, il y a 50 ans, il était possible de voir les étoiles les plus brillantes et la traînée de la Voie lactée. Mais, aujourd'hui, il n'y a pratiquement aucune étoile qui soit visible en ville et, même à la campagne, le spectacle des cieux est délavé par un smog jaune.

Le spectacle qui a inspiré des générations avant la nôtre est en train de s'obscurcir. Les lampes au sodium des réverbères sont les principales coupables, particulièrement celles qui gaspillent la lumière en brillant tant vers le haut que vers le bas. Partout dans le monde, des groupes, telle l'International Dark-Sky Association, dans laquelle on trouve des astronomes, font maintenant campagne pour mettre un frein à la pollution lumineuse afin de préserver la vue que nous avons sur l'Univers.

Un univers grand public Ainsi, le seul fait d'observer que la nuit est noire nous permet de comprendre que l'Univers n'est pas infini. Il n'existe que depuis une durée limitée, sa taille est bornée et ses étoiles n'existent pas de toute éternité.

La cosmologie moderne s'appuie sur ces idées. Les étoiles les plus anciennes que nous voyons ont environ 13 milliards d'années, ce qui signifie que l'Univers doit s'être formé auparavant. Le paradoxe d'Olbers suggère que ce ne doit pas être bien avant sinon nous devrions nous attendre à voir de nombreuses générations d'étoiles antérieures, ce qui n'est pas le cas.

Les galaxies lointaines sont vraiment plus rouges que les plus proches à cause du décalage vers le rouge, ce qui les rend plus difficiles à voir avec des télescopes optiques et qui confirme que l'Univers est en expansion. Les galaxies les plus lointaines connues aujourd'hui sont si rouges qu'elles sont devenues invisibles et ne peuvent être dénichées qu'aux longueurs d'onde infrarouges.

La période durant laquelle les premières étoiles se sont allumées et où les galaxies sont tellement rouges qu'elles disparaissent pratiquement a été surnommée par les astronomes l'« âge sombre » cosmique. Nous voulons découvrir ces premiers objets, comprendre ce qui les a fait se former à l'origine et la façon dont étoiles et galaxies se sont développées en partant de germes minuscules sous l'effet de la gravité.

En exprimant son paradoxe, Olbers ne savait pas qu'il posait exactement les questions qui occupent les cosmologues d'aujourd'hui. Et tous ces arguments appuient l'idée du Big Bang, la théorie qui dit que l'Univers est né d'une énorme explosion il y a quelque 14 milliards d'années.

8

La loi de Hubble

idée clé

L'UNIVERS EST EN EXPANSION

L'astronome américain Edwin Hubble fut le premier à se rendre compte que les autres galaxies s'écartent toutes de la nôtre. Plus elles sont éloignées, plus vite elles s'éloignent, en suivant la loi de Hubble. Cette diaspora galactique a constitué la preuve première de l'expansion de l'Univers, une découverte ahurissante qui modifia notre façon de voir ce dernier et d'appréhender son destin.

Lorsqu'au XVIe siècle Copernic conclut que la Terre tourne autour du Soleil, cela fut accueilli avec consternation : les êtres humains ne demeuraient plus exactement au centre du Cosmos. Mais, dans les années 1920, Hubble réalisa au télescope des mesures encore plus troublantes : il montrait que l'ensemble de l'Univers n'était pas statique mais en expansion.

Hubble releva les distances des autres galaxies et leurs vitesses relatives par rapport à notre Voie lactée et découvrit qu'elles nous fuyaient à toute vitesse. Nous étions tellement « cosmiquement » impopulaires que seules quelques voisines se dirigeaient tout doucement vers nous. Plus lointaine était une galaxie, plus vite elle nous fuyait, avec une vitesse proportionnelle à sa distance (loi de Hubble). Le rapport de la vitesse à la distance est toujours le même : c'est la constante de Hubble. Les mesures actuelles des astronomes donnent une valeur proche de 72 km par seconde et par mégaparsec (1 mégaparsec vaut 1 million de parsecs et équivaut à 3 262 000 années-lumière ou 3×10^{22} m). Les galaxies s'écartent de nous en permanence à cette vitesse.

« L'histoire de l'astronomie est une histoire d'horizons qui s'éloignent. »
Edwin Hubble

Le Grand Débat Avant le XXe siècle, les astronomes comprenaient tout juste ce qu'était notre propre galaxie, la Voie lactée. Ils avaient effectué des mesures sur des centaines de ses étoiles mais avaient aussi remarqué qu'elle était striée de nombreuses taches floues, les nébuleuses. Certaines d'entre elles étaient des nuages de gaz associés à la naissance et à la mort des étoiles. Mais d'autres paraissaient différentes. Certaines présentaient des spirales ou étaient de forme ovale, ce qui laissait entendre qu'elles étaient plus régulières que des nuages. L'origine de ces nébuleuses fut, en 1920, l'objet d'un débat entre deux célèbres astronomes (voir page 40). Harlow Shapley affirmait que tout, dans le ciel, faisait partie de la Voie lactée ; Heber Curtis avançait que certaines de ces nébuleuses étaient d'autres galaxies, extérieures à la nôtre, la Voie lactée. Hubble montra que les nébuleuses spirales étaient vraiment d'autres galaxies extérieures à la nôtre. L'Univers s'élargissait subitement en une vaste toile.

Hubble utilisa le télescope de 2,50 mètres du Mont Wilson pour faire des mesures sur des étoiles variables de la nébuleuse d'Andromède – dont nous savons aujourd'hui qu'elle est une galaxie spirale très semblable à la Voie lactée et notre sœur dans le groupe de galaxies auxquelles nous sommes liés. Ces étoiles variables, nommées céphéides, sont, aujourd'hui encore, d'inestimables sondes pour les distances : l'intensité des éclats et leur fréquence sont liées à la luminosité intrinsèque de l'étoile si bien qu'une fois connues les variations de ses éclats on connaît sa luminosité et, partant, sa distance puisque la luminosité diminue avec elle. Hubble a ainsi mesuré la distance de la galaxie d'Andromède. Celle-ci se trouvait bien plus loin que la taille de la Voie lactée et devait donc être en dehors de notre galaxie. Cela mettait un terme au débat : d'autres galaxies existaient au-delà de la nôtre.

Fuite Hubble s'attaqua ensuite au relevé des distances de nombreuses autres galaxies. Il découvrit aussi que leur lumière était la plupart du temps décalée vers le rouge, le décalage étant fonction de la distance. Le décalage vers le rouge est semblable à l'effet Doppler d'un objet en mouvement (voir page 32). Le fait que des fréquences connues de lumière, y compris les raies spectrales, apparaissent toutes plus rouges que ce qu'on est en droit d'attendre signifie que ces galaxies s'éloignent de nous, comme de nombreuses ambulances dont le ton de la sirène baisse quand elles s'éloignent. Il était étrange de constater que toutes les galaxies s'éloignaient quand seul un petit nombre parmi les proches se rapprochaient. Qui plus est, plus on regardait loin, plus vite elles fuyaient.

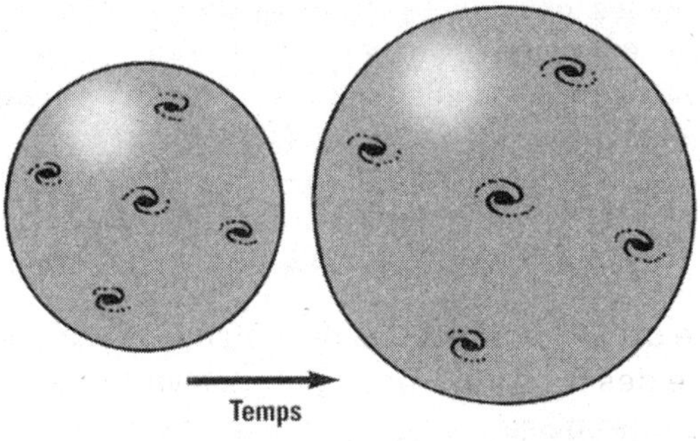

Hubble remarqua aussi que les galaxies ne se contentaient pas de s'éloigner de nous, ce qui aurait fait de l'endroit où nous nous trouvons un lieu très privilégié dans l'Univers. Elles se fuyaient aussi les unes les autres. Il en conclut que l'Univers lui-même était en expansion, comme un gigantesque ballon en train de gonfler: les galaxies sont comme des points sur ce ballon qui s'éloignent les uns des autres à mesure que l'air gonfle ce dernier.

Quelle vitesse, quelle distance? De nos jours encore, les astronomes utilisent les étoiles variables, les céphéides, pour dresser la carte locale de l'expansion de l'Univers. Mesurer avec précision la constante de Hubble a été un objectif majeur. Pour y parvenir, il faut connaître la distance d'un objet et sa vitesse, ou son décalage vers le rouge. Ce dernier peut être directement mesuré à partir des raies spectrales. La fréquence d'une transition atomique particulière peut être comparée à sa longueur d'onde connue, telle que mesurée en laboratoire: la différence fournit le décalage vers le rouge. Il est plus difficile de déterminer les distances: il faut repérer un objet au loin dans la galaxie dont on connaît exactement ou bien la distance ou bien la luminosité – une «chandelle standard».

Le télescope spatial Hubble

Le télescope spatial Hubble est sans doute le satellite d'observation le plus populaire jamais lancé. Ses photographies époustouflantes de nébuleuses, de galaxies lointaines et de disques autour d'étoiles font la une des journaux depuis vingt ans. Lancé en 1990 par la navette spatiale Discovery, l'engin spatial a à peu près la taille d'un bus à impériale: de 13 mètres de long et 4 de large, il pèse 11 tonnes. Il embarque un télescope astronomique de 2,4 mètres de diamètre et un ensemble de caméras et détecteurs électroniques capables de prendre des images limpides, aussi bien dans le domaine visible que dans l'ultraviolet ou l'infrarouge. Les performances de Hubble proviennent du fait qu'il se trouve au-dessus de l'atmosphère: ses photos ne sont pas brouillées. Vieilli, son devenir est incertain. Ses instruments ont été mis à jour une dernière fois et, quand la NASA aura achevé son programme, elle pourra récupérer l'engin pour les générations futures ou bien le précipiter de façon sûre dans l'océan.

« Plus petites, plus pâles, de plus en plus nombreuses : nous les découvrons, toujours plus loin dans l'espace jusqu'au moment où, avec la nébuleuse la plus blafarde, observée à travers le plus grand télescope, nous parviendrons à la frontière de l'Univers connu. »

Edwin Hubble

Il y a différentes méthodes pour déterminer les distances astronomiques. On peut utiliser les céphéides quand les galaxies sont suffisamment proches pour qu'on puisse distinguer les étoiles individuelles. Mais, pour de plus grandes distances, il faut d'autres méthodes. Toutes les différentes techniques peuvent être regroupées pour construire une gigantesque règle étalon, une échelle de distances. Mais chaque méthode comportant ses spécificités, de nombreuses incertitudes demeurent quant à la précision de l'échelle étendue.

La constante de Hubble est maintenant connue avec une précision de l'ordre de 10 %, essentiellement grâce aux observations de galaxies réalisées avec le télescope spatial Hubble et à celles du fond diffus cosmologique. L'expansion de l'Univers a commencé avec le Big Bang, l'explosion qui a créé l'Univers, et c'est depuis que les galaxies ont commencé à dériver séparément. La loi de Hubble fixe une limite à l'âge de l'Univers : du fait de son expansion continue, si l'on remonte celle-ci jusqu'à son point de départ, on peut déterminer cet âge – il est d'environ 14 milliards d'années. Le rythme de cette expansion n'est fort heureusement pas suffisant pour que l'Univers vole en éclats. Au lieu de quoi, ce dernier se situe en fin de compte à un point d'équilibre entre l'éclatement complet et le fait de posséder une masse suffisante pour que tout finisse par un effondrement sur lui-même.

9

Le Big Bang

idée clé
L'EXPLOSION PRIMORDIALE

La naissance de l'Univers s'est produite dans une explosion phénoménale qui a créé tout à la fois l'espace, la matière et le temps tels que nous les connaissons. Prédit par les mathématiques de la Relativité générale, le Big Bang est confirmé par la fuite précipitée des galaxies, les quantités d'éléments légers présents dans l'Univers et la lueur diffuse aux fréquences des micro-ondes qui emplit tout le ciel.

Le Big Bang est l'explosion primordiale, la naissance de l'Univers. Tout autour de nous, nous trouvons des signes qui montrent que notre univers est en expansion, ce qui implique qu'il doit avoir été plus petit et plus chaud dans le passé. La conclusion logique en est que le cosmos tout entier serait issu d'un point unique. Au moment de l'embrasement, l'espace, le temps et la matière ont été créés tout à la fois dans l'éclair cosmique. Très lentement, pendant près de 14 milliards d'années, ce nuage chaud et dense a gonflé, s'est refroidi et a fini par se morceler pour créer étoiles et galaxies qui, aujourd'hui, parsèment le ciel.

Ce n'est pas drôle L'expression «Big Bang» elle-même a été tournée en ridicule. L'éminent astronome anglais Fred Hoyle trouvait grotesque l'idée que l'Univers dans son ensemble puisse avoir grossi à partir d'un germe unique. Dans une série de conférences dont la diffusion commença en 1949, il railla comme farfelu le fait que le mathématicien belge Georges Lemaître eut trouvé une solution de ce type dans les équations de la Relativité générale d'Einstein. Hoyle préférait plutôt croire en une vision plus durable du cosmos. Dans son univers perpétuellement stationnaire, matière et espace étaient sans cesse créés et détruits et auraient donc pu exister depuis toujours. Malgré tout, les indices s'amoncelaient et, dans les années 1960, la description statique de Hoyle dut céder la place, le poids des preuves ayant fait pencher la balance vers le Big Bang.

L'Univers en expansion Trois observations fondamentales sont à la base du succès du modèle du Big Bang. La première est celle qu'a faite Edwin Hubble dans les années 1920 : la plupart des galaxies fuient la nôtre. Vues de loin, toutes les galaxies se fuient les unes les autres comme si la fabrique de l'espace-temps était en train de gonfler et de s'étirer selon la loi de Hubble. Une conséquence de cet étirement est que la lumière met légèrement plus longtemps à nous atteindre en traversant notre Univers que si, dans ce dernier, les distances étaient fixes. Cet effet se traduit par un décalage dans la fréquence de la lumière appelé «décalage vers le rouge» du fait que la lumière reçue est plus rouge que lorsqu'elle a été émise par une étoile lointaine ou une galaxie. De ces décalages, on peut déduire les distances astronomiques.

« L'Univers obéit à un plan cohérent
bien que je ne sache pas où il mène. »
Fred Hoyle

Éléments légers Pour remonter le temps jusqu'aux premières heures de notre Univers naissant, juste après le Big

Bang, imaginons que tout était comprimé dans un chaudron brûlant. Durant les premières secondes, l'Univers était si chaud et dense que même les atomes n'étaient pas stables. Alors qu'il grossissait et refroidissait, une soupe de particules apparut, remplie de quarks, gluons et autres particules fondamentales. Une minute plus tard, les quarks s'assemblaient pour former protons et neutrons. Puis, avant que trois minutes fussent passées, la chimie cosmique regroupa protons et neutrons en différentes combinaisons pour former les noyaux atomiques d'autres éléments que l'hydrogène par fusion nucléaire. Une fois l'Univers refroidi en dessous de la température de fusion, aucun élément plus lourd que le béryllium ne put être fabriqué. C'est ainsi que l'Univers primordial fut inondé de noyaux d'hydrogène, d'hélium, de traces de deutérium (hydrogène lourd), de lithium et de béryllium créés par le Big Bang.

Dans les années 1940, Ralph Alpher et George Gamow calculèrent les proportions d'éléments légers produits par le Big Bang et ce tableau a été confirmé dans ses grandes lignes, y compris par les plus récentes mesures faites sur les étoiles à combustion lente et les nuages de gaz primitifs de notre Voie lactée.

Lueur aux fréquences des micro-ondes Un autre pilier de la théorie du Big Bang est la découverte, en 1965, de l'écho affaibli du Big Bang lui-même. Arno Penzias et Robert Wilson travaillaient sur un récepteur radio aux laboratoires Bell dans le New Jersey quand ils furent intrigués par un signal faible dont ils ne pouvaient pas se débarrasser. Il semblait provenir, dans toutes les directions du ciel, d'une source de micro-ondes, l'équivalent de quelque chose comme quelques degrés de température. Ils étaient tombés par hasard sur le fond diffus cosmologique, une mer de photons abandonnés par le tout jeune et brûlant Univers.

Dans la théorie du Big Bang, l'existence de ce fond diffus avait été prédite en 1948 par George Gamow, Ralph Alpher et Robert Hermann. Bien que les noyaux aient été synthétisés pendant les trois premières minutes, les atomes ne se sont pas formés avant 400 000 ans. En fin de compte, des électrons de charge négative s'associèrent avec les noyaux de charge positive pour former les atomes d'hydrogène et les éléments légers. Le dégagement des particules chargées, qui dispersent la lumière et font obstacle à son cheminement, a dissipé le brouillard et rendu l'Univers transparent. De là, la lumière a pu circuler librement, nous autorisant à regarder en arrière aussi loin. Bien que le brouillard originel fût, à l'origine, chaud – quelque 3000 K (3000 degrés au-dessus du zéro absolu) –, l'expansion de l'Univers a décalé vers le rouge sa lueur dont la température nous paraît aujourd'hui être inférieure à 3 K, ce que Penzias et Wilson avaient trouvé.

Les trois principaux piliers de la théorie du Big Bang ont résisté jusqu'à aujourd'hui. Voilà pourquoi cette dernière est aujourd'hui largement acceptée par la plupart des astrophysiciens. Une poignée en reste toujours à la théorie de l'Univers stationnaire qui avait séduit Fred Hoyle mais il est difficile d'intégrer toutes ces observations dans tout autre modèle.

Destin et passé Qu'y avait-il avant le Big Bang ? L'espace-temps étant une conséquence du Big Bang, la question n'est pas très pertinente – un peu comme si l'on demandait : « Où la Terre commence-t-elle ? » ou « Qu'y a-t-il au nord du Pôle Nord ? ». Cependant, les spécialistes de physique mathématique tentent de se figurer le déclenchement du Big Bang dans un espace multidimensionnel (souvent à 11 dimensions) à travers les mathématiques de la théorie M et de la théorie des cordes. Ils étudient la physique et les énergies des cordes et des membranes dans cet espace en y incorporant des concepts venant de la physique des particules et de la mécanique quantique pour essayer de comprendre comment un tel événement a pu se déclencher. En faisant des parallèles avec des idées de physique quantique, certains cosmologistes supputent aussi l'existence d'univers parallèles.

Chronologie du Big Bang

13,7 milliards d'années (après le Big Bang) : aujourd'hui (température T = 2,726 K)

200 millions d'années : réionisation ; la chaleur des premières étoiles ionise l'hydrogène (T = 50 K)

380 000 ans : recombinaison ; le refroidissement de l'hydrogène gazeux permet la formation de molécules

10 000 ans : fin de l'ère de domination du rayonnement (T = 12 000 K)

1 000 secondes : désintégration des neutrons isolés (T = 500 millions de K)

180 secondes : nucléosynthèse ; formation de l'hélium et d'autres éléments à partir de l'hydrogène (T = 1 milliard de kelvins)

10 secondes : annihilation des paires électrons-positrons (T = 5 milliards de kelvins)

1 seconde : découplage des neutrinos (T = 10 milliards de kelvins)

100 microsecondes : annihilation des pions (T = 1 000 milliards de kelvins)

50 microsecondes : transition de phase QCD ; confinement des quarks en neutrons et protons (T = 2 000 milliards de kelvins)

10 picosecondes : transition de phase électrofaible ; interactions électromagnétique et faible se différencient (T = 1 à 2 millions de milliards de kelvins)

Avant cette époque, la température était si élevée que nous ne sommes pas sûrs de nos connaissances...

Dans le modèle du Big Bang, l'Univers évolue, contrairement à ce qui se passe dans le modèle stationnaire. Le devenir du cosmos est en grande partie dicté par l'équilibre entre la matière qui, à travers la gravité, tend à le contracter et d'autres forces physiques qui poussent à son éclatement, y compris l'expansion de l'Univers. Si la gravité l'emporte, alors l'expansion de l'Univers finira par s'arrêter et ce dernier pourrait achever son existence dans un effondrement sur lui-même – un Big Bang à l'envers connu sous le nom de Big Crunch, le grand effondrement. Des univers pourraient suivre de nombreux cycles naissance-mort de ce type. À l'inverse, si ce sont l'expansion et les autres forces répulsives (telle l'énergie noire) qui l'emportent, elles finiront par mettre en pièces tout lien entre étoiles, galaxies, planètes et notre Univers pourrait connaître comme fin un désert sombre de trous noirs et de particules, un Big Chill, le grand gel. Enfin, il y a le « Goldilocks universe », un Univers Boucle d'Or, où forces attractives et répulsives sont en équilibre et où l'Univers poursuit son expansion à jamais, mais à un rythme qui va ralentissant. C'est la fin que la cosmologie moderne présente comme le plus probable. Nous vivons dans un Univers juste comme il faut.

10

Antimatière

idée clé
MATIÈRE EN MIROIR

Les vaisseaux spatiaux de la science-fiction sont souvent propulsés à l'antimatière. Mais l'antimatière existe bel et bien et elle a été produite artificiellement sur Terre. Image en miroir de la matière dotée d'une énergie négative, l'antimatière ne peut pas longtemps coexister avec la matière – si elles entrent en contact, elles s'annihilent dans un éclair d'énergie. Le fait que l'Univers est plein de matière implique que l'antimatière est rare et renvoie à un déséquilibre pendant le Big Bang.

En marchant dans la rue, vous rencontrez une réplique de vous-même. C'est votre jumeau d'antimatière. Vous serrez-vous la main ? L'existence de l'antimatière a été prédite dans les années 1920 et découverte expérimentalement dans les années 1930. C'est une image en miroir de la matière dans laquelle charges, énergie et autres propriétés physiques changent de signe. Ainsi, un anti-électron – on dit un positron – a la même masse que l'électron mais possède une charge positive. De même, les protons et autres particules ont leurs jumeaux d'antimatière.

Énergie négative En élaborant une équation pour l'électron en 1928, le physicien britannique Paul Dirac remarqua qu'elle laissait la possibilité que les électrons aient une énergie négative aussi bien que positive. De la même façon que l'équation $x^2 = 4$ possède les solutions $x = 2$ et $x = -2$, Dirac avait deux façons de résoudre le problème : l'énergie positive était le résultat escompté, associé à un électron normal, mais le concept d'énergie négative était dénué de sens. Ou alors, plutôt qu'ignorer ce terme embarrassant, suggérer que de telles particules pourraient bien exister en fin de compte, ce qu'il fit. C'est cet état complémentaire de la matière qu'on nomme « anti »-matière.

Antiparticules Le soupçon sur l'existence de l'antimatière vint rapidement. En 1932, Carl Anderson confirma expérimentalement l'existence des positrons. Il suivait la piste d'une pluie de particules produites par les rayons cosmiques (particules énergétiques provenant de l'espace qui peuvent s'écraser dans l'atmosphère) quand il vit la trace d'une particule chargée positivement possédant la masse de l'électron, le positron. L'antimatière n'était donc plus désormais une idée théorique abstraite mais une réalité.

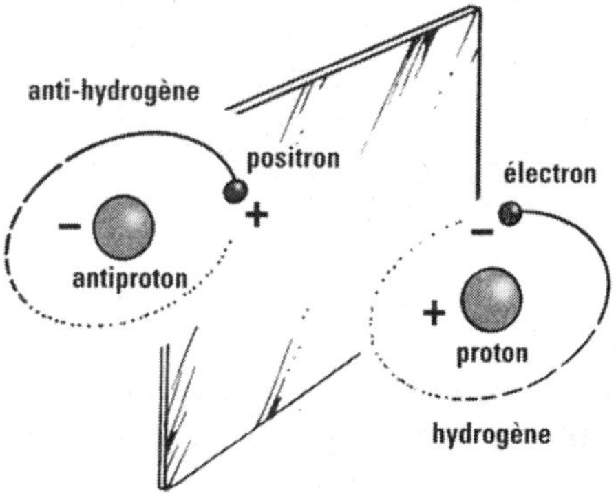

Il fallut vingt ans de plus pour qu'une autre antiparticule, l'antiproton, soit détectée. Les physiciens construisirent de nouveaux accélérateurs de particules qui utilisaient des champs magnétiques pour accroître la vitesse des particules qui les traversaient. De puissants faisceaux de protons ainsi accélérés développaient suffisamment d'énergie pour révéler l'antiproton en 1955. Peu après, on trouva aussi l'antineutron.

Sur Terre, les physiciens peuvent créer de l'antimatière dans des accélérateurs de particules, comme celui du CERN, en Suisse, ou le Fermilab, près de Chicago. Lorsque particules et antiparticules se rencontrent, elles s'annihilent mutuellement dans un éclair d'énergie pure. La masse est convertie en énergie selon l'équation d'Einstein $E = mc^2$. Voilà pourquoi, si vous rencontriez votre jumeau d'antimatière, ce ne serait pas une très bonne idée de le prendre dans vos bras !

Asymétries universelles Si l'antimatière était répartie dans tout l'Univers, de tels épisodes d'annihilation se produiraient sans cesse. Matière et antimatière se détruiraient progressivement dans de petites explosions, s'absorbant l'une l'autre. Mais ce n'est pas ce que nous voyons : il ne doit donc pas y avoir beaucoup d'antimatière autour de nous. En fait, la matière normale est, dans une très large mesure, la seule forme de particule que nous voyons. Au début de la création de l'Univers, il y a donc nécessairement eu déséquilibre : plus de matière que d'antimatière.

« En science, on essaye de dire aux gens quelque chose dont personne n'a jamais eu connaissance auparavant en des termes compréhensibles par tous. En poésie, c'est exactement le contraire. »

Paul Dirac

Comme les images en miroir, particules et antiparticules sont liées par différentes sortes de symétries. L'une est le temps. Du fait de leur énergie négative, les antiparticules sont l'équivalent mathématique de particules normales mais se déplaçant en arrière dans le temps : un positron peut donc être vu comme un électron allant du futur vers le passé. La symétrie suivante met en jeu les charges et autres propriétés quantiques qui sont inversées. Une troisième symétrie a trait au mouvement dans l'espace. Les mouvements ne sont en général pas affectés par un changement de repère de l'espace. Une particule qui se déplace de la gauche vers la droite est semblable à la même particule se déplaçant de la droite vers la gauche ou si, au lieu de tourner dans le sens des aiguilles d'une montre, elle tourne en sens contraire. Cette symétrie « de parité » est vraie pour la plupart des particules mais il en existe un petit nombre pour lesquelles ce n'est pas toujours le cas. Les neutrinos n'existent que sous une seule forme, leur hélicité est gauche, ils ne tournent que dans une seule direction ; un neutrino à hélicité droite n'existe pas. C'est l'inverse qui est vrai pour les antineutrinos, qui sont tous à hélicité droite. La symétrie de parité peut donc être parfois violée bien qu'une combinaison d'inversion de charge et de parité soit conservée, appelée symétrie charge-parité.

« Le contraire d'une affirmation vraie est une affirmation fausse. Mais le contraire d'une vérité profonde peut très bien être une autre vérité profonde. »
Niels Bohr

Les chimistes constatent que certaines molécules préfèrent exister dans certaines versions – comme les structures lévogyres ou au contraire dextrogyres. Dans le même ordre d'idée, nous constatons – et cela reste une énigme – que l'Univers contient pour l'essentiel de la matière et non de l'antimatière. Seule une minuscule fraction – moins de 0,01 % – de ce qui forme l'Univers est de l'antimatière. Mais l'Univers contient aussi d'autres formes d'énergie, par exemple une grande quantité de photons. Il est donc possible qu'une grande quantité de matière et d'antimatière ait été créée dans le Big Bang mais que l'essentiel se soit rapidement annihilé. Il ne reste aujourd'hui que la partie émergée de l'iceberg. Un minuscule déséquilibre en faveur de la matière suffirait à expliquer sa prédominance actuelle. Il suffirait qu'une particule sur 10 milliards ait survécu une fraction de seconde après le Big Bang, le reste ayant été annihilé. La matière en surplus a probablement été préservée par une légère asymétrie de charge et de parité.

« Pour un milliard de particules d'antimatière,
il y avait un milliard et une particules de matière.
À l'issue de l'annihilation mutuelle, il est resté
un milliardième de tout notre univers actuel. »
Albert Einstein

Les particules qui peuvent avoir été mises en jeu par cette asymétrie, appelées bosons X, n'ont toujours pas été trouvées. Ces particules massives se désagrègent d'une façon déséquilibrée d'où résulte une légère surproduction de matière. Les bosons X peuvent aussi interagir avec les protons et les faire se désagréger, ce qui serait une mauvaise nouvelle car cela signifierait que toute la matière finirait par disparaître dans un brouillard de particules encore plus subtiles. Mais la bonne nouvelle est que cela ne se produirait pas avant très longtemps. Nous sommes là et le fait que personne n'ait jamais vu un proton se désagréger signifie que les protons sont très stables et doivent avoir une durée de vie d'au moins 10^{17} à 10^{35} ans, soit des milliards de milliards de milliards d'années, durée monstrueusement plus longue que la durée de vie de l'Univers jusqu'ici. Mais cela laisse la possibilité que, si l'Univers devenait vraiment très vieux, alors même la matière normale pourrait bien disparaître un jour.

Paul Dirac (1902-1984)

Paul Dirac était un physicien britannique talentueux mais timide. Les gens se moquaient de sa façon de parler consistant à dire : « Oui », « Non » ou « Je ne sais pas ». Il a expliqué une fois : « On m'a appris à l'école à ne jamais commencer une phrase si je n'en connaissais pas la fin. » Ce qui lui faisait défaut en paroles était compensé par ses aptitudes mathématiques. Sa thèse de doctorat est célèbre pour sa concision et sa puissance remarquables, posant une nouvelle description mathématique de la mécanique quantique. Il a en partie unifié cette dernière et la théorie de la Relativité mais a aussi marqué par son travail exceptionnel sur le monopôle magnétique et par sa prédiction de l'existence de l'antimatière. Quand il a reçu le prix Nobel en 1933, sa première pensée a été de le refuser pour éviter la publicité. Il ne l'a accepté qu'une fois convaincu que son refus ferait encore plus de bruit. Dirac n'invita pas son père à la cérémonie, peut-être à cause des relations tendues qui ont suivi le suicide de son frère.

11

Matière noire

idée clé
LA FACE OBSCURE DE L'UNIVERS

90 % de la matière de l'Univers ne luit pas : elle est sombre. On peut détecter cette matière noire par ses effets gravitationnels mais elle n'interagit presque pas avec les ondes lumineuses ou la matière. Les scientifiques croient qu'elle pourrait prendre la forme de MACHO, étoiles avortées ou planètes gazeuses, ou de WIMP, exotiques particules subatomiques (WIMP : mauviette en anglais). La chasse à la matière noire se déroule à l'orée de contrées sauvages de la physique.

Matière noire : cela fait exotique, cela pourrait même l'être. Sa définition est cependant banale. Pour l'essentiel, ce que nous voyons dans l'Univers luit par émission ou réflexion de lumière. Les étoiles brillent par production massive de photons tandis que les planètes réfléchissent la lumière du Soleil. Sans cette lumière, nous ne les verrions tout simplement pas. Quand la Lune passe dans l'ombre de la Terre, elle est sombre ; quand les étoiles s'épuisent, ce qui en reste scintille trop faiblement pour être vu ; même une planète aussi grosse que Jupiter serait invisible si elle dérivait librement, loin du Soleil. Il n'est donc, a priori, pas trop surprenant que la majeure partie de ce qui constitue l'Univers ne brille pas. C'est la matière noire.

Côté obscur Nous ne pouvons pas voir directement la matière noire mais nous pouvons détecter sa masse par l'attraction gravitationnelle qu'elle exerce sur d'autres objets astronomiques et les rayons lumineux. Si nous ignorions la présence de la Lune, nous pourrions tout de même déduire son existence du fait que sa gravité tire et décale légèrement l'orbite terrestre. Ce sont d'ailleurs de telles oscillations qui nous ont permis de découvrir des planètes autour d'étoiles lointaines.

Dans les années 1930, l'astronome suisse Fritz Zwicky se rendit compte qu'un amas géant de galaxies situé dans notre voisinage se comportait d'une façon telle que sa masse devait être beaucoup plus grande que celle de toutes les étoiles qui composaient ses galaxies. Il en déduisit qu'une matière sombre inconnue représentait 400 fois celle qui était visible – étoiles brillantes et gaz chaud – dans l'amas. Une si grande quantité de matière noire constituait une très grosse surprise : cela impliquait que l'essentiel de l'Univers n'était pas fait d'étoiles et de gaz mais de quelque chose d'autre. Quelle est donc cette matière noire et où se cache-t-elle ?

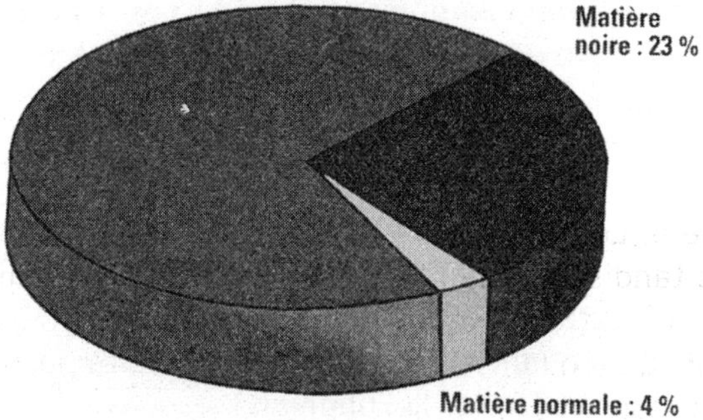

Les galaxies spirales individuelles ont aussi un défaut de masse. Le gaz des régions extérieures tourne plus vite qu'il ne le devrait si la masse des galaxies représentait seulement le total de celle des étoiles qui les composent. Les galaxies sont donc beaucoup plus lourdes que si l'on se contentait de compter ce qui est lumineux. Là encore, la matière noire doit être des centaines de fois plus abondante que les étoiles et le gaz visibles. Elle n'est pas seulement répartie partout dans les galaxies mais sa masse est si grande qu'elle représente le facteur dominant dans le mouvement de chacune de leurs étoiles. Elle s'étend même au-delà des étoiles, remplissant une sorte de halo ou de bulle autour du disque de chaque galaxie spirale.

Gain de poids Les astronomes ont désormais cartographié la matière noire et on la trouve non seulement à l'intérieur des galaxies mais encore dans les amas qui en contiennent des milliers, regroupées par leur attraction gravitationnelle mutuelle. Et aussi dans les superamas, ensemble d'amas galactiques formant un vaste réseau qui s'étend à travers tout l'espace. La matière noire se manifeste partout où la gravité est à l'œuvre, et ce à toutes les échelles. En faisant le bilan, on trouve qu'il y a des milliers de fois plus de substance noire que de matière visible.

Le sort de l'Univers tout entier dépend de sa masse totale : l'attraction gravitationnelle et l'expansion de l'Univers consécutive au Big Bang agissent en sens inverse l'un de l'autre. Il y a trois issues. Ou bien l'Univers est si lourd que c'est la gravité qui l'emporte et il finira par s'effondrer sur lui-même (cas d'un univers fermé s'achevant par un Big Crunch, un grand effondrement). Ou bien sa masse est trop petite et il poursuivra son expansion à jamais (cas d'un univers ouvert). Ou encore il est parfaitement équilibré et la gravité ralentit lentement l'expansion qui se poursuit cependant pour toujours. C'est cette dernière possibilité qui semble correspondre le plus à notre Univers : il possède précisément la quantité de matière nécessaire pour ralentir sans pour autant arrêter l'expansion.

Bilan énergétique

Nous pouvons dire aujourd'hui qu'il n'y a que 4 % de la matière de l'Univers qui est faite de baryons (la matière normale faite de protons et de neutrons). 23 % constituent la matière noire exotique. Nous sommes certains qu'elle n'est pas faite de baryons mais il est plus difficile de dire de quoi elle est faite, peut-être de particules comme les WIMP. Le reste du bilan énergétique de l'Univers est fait de quelque chose de tout autre : l'énergie noire (voir page 82).

Mauviettes et machos De quoi pourrait bien être faite la matière noire ? En premier lieu, elle pourrait être faite de nuages de gaz sombres, d'étoiles ternes ou de planètes. On appelle ces derniers objets des MACHO, pour *Massive Compact Halo Objects*, objets massifs et compacts du halo. Ou alors, ce pourrait être de nouvelles sortes de particules subatomiques : on les appelle les WIMP, pour *Weakly Interacting Massive Particules*, particules massives à interaction faible ; les autres formes de matière ou de lumière leur seraient insensibles.

Les astronomes ont découvert des MACHO errant dans notre propre galaxie. Du fait que les MACHO sont grands, comme l'est notre planète Jupiter, on peut les repérer individuellement par les effets gravitationnels qu'ils créent : si une grande planète gazeuse ou une étoile avortée passe devant une étoile, sa gravité incurve les rayons de lumière tout autour d'elle, et l'étoile apparaît bien plus lumineuse pendant la durée de son passage. On parle alors de « lentilles gravitationnelles ».

« L'Univers est essentiellement constitué de matière et d'énergie noires et nous ne savons rien ni de l'une ni de l'autre. »
Saul Perlmutter

Dans le langage de la théorie de la Relativité, une planète MACHO déforme l'espace-temps, comme une balle appuyant sur une pièce en caoutchouc, ce qui recourbe le front d'ondes lumineuses devant elle (voir page 93). Les astronomes ont traqué ces flamboiements au passage d'une MACHO parmi des millions d'étoiles. Ils n'en ont trouvé que peu, trop peu pour expliquer toute la masse manquante de la Voie lactée.

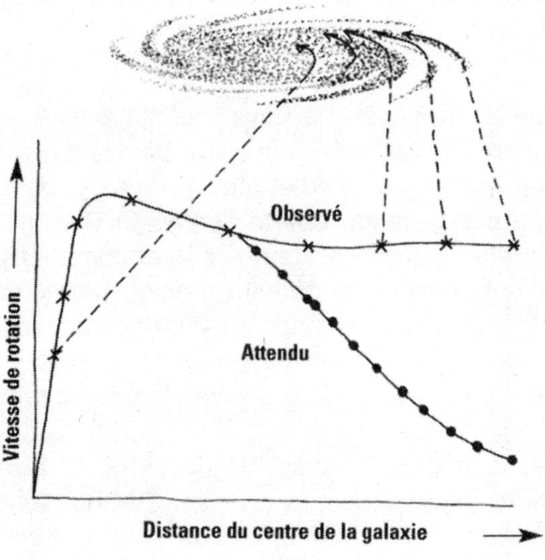

Les environs d'une galaxie spirale tournent plus vite à cause de la matière noire

Les MACHO sont faits de matière normale (comme les protons, les neutrons et les électrons). L'estimation la plus serrée de la quantité de baryons présents dans l'Univers est recherchée à partir de l'isotope lourd de l'hydrogène, le deutérium. Ce dernier ne se forme pas dans les étoiles – bien que celles-ci puissent le brûler – et il a donc été produit seulement par le Big Bang. Or, le mécanisme de la production de deutérium est parfaitement connu. C'est pourquoi la mesure de la quantité de deutérium présente dans l'espace dans des nuages primitifs de gaz permet aux astronomes d'estimer la quantité totale de protons et de neutrons fabriqués par le Big Bang. Il ne s'agit que de quelques pourcents de la masse totale de l'Univers. Le reste doit donc être présent sous une forme totalement différente, comme les WIMP.

La quête des WIMP est aujourd'hui l'objet de toutes les attentions. Leur faible interaction avec les particules connues les rend intrinsèquement difficiles à détecter. Un candidat est le neutrino. Au cours des dix dernières années, les physiciens ont mesuré sa masse qui est très faible mais non nulle. Les neutrinos contribuent pour une part à la masse de l'Univers mais cela ne suffit toujours pas. Il reste donc de la place pour d'autres particules exotiques qui restent à découvrir, quelques-unes nouvelles venues en physique comme les axions et les photinos. Comprendre de quoi est faite la matière noire pourrait bien illuminer le monde de la physique.

12

Le principe de Mach

idée clé
LA MASSE PÈSE SUR LE MOUVEMENT

Dans l'Univers, la gravitation fait que tout objet attire et est attiré par tout autre objet. Ernst Mach, physicien et philosophe autrichien, se pencha sur les raisons qui font que des objets distants influencent le mouvement et la rotation d'objets proches – comment les lointaines étoiles peuvent-elles tirer vers l'extérieur un enfant sur un manège. Son principe – qui dit que « les masses là-bas jouent sur l'inertie ici » – est né de la question : comment dire si une chose est en mouvement ou non ?

Quiconque a déjà été assis dans un train en gare et a observé par la fenêtre un autre train s'éloignant du sien sait combien il peut être difficile de dire si c'est votre train qui part ou l'autre qui arrive (c'est la même chose qui nous a amené à penser, de façon erronée, que le Soleil tourne autour de la Terre.). Peut-on savoir de façon certaine quel est celui des deux trains qui est en mouvement ?

Mach s'est débattu avec cette question au XIXe siècle. Il marchait sur les pas de Newton qui, contrairement à lui, croyait que l'espace était un repère absolu. L'espace de Newton était comme du papier quadrillé : il contenait, comme en filigrane, un ensemble complet de coordonnées par rapport auquel tout mouvement pouvait être décrit. Mais Mach ne partageait pas ce point de vue et avançait au contraire que la notion de mouvement n'avait de sens que par rapport à un autre objet et non par rapport au repère : que signifie se déplacer si ce n'est par rapport à autre chose ?

De ce point de vue, Mach – influencé par les idées plus anciennes du rival de Newton, Gottfried Leibniz – préfigurait Albert Einstein en affirmant que seule a du sens l'idée que les mouvements sont relatifs. Mach expliquait que, puisqu'une balle roule de la même manière en France ou en Australie, l'espace repère absolu n'est pas un concept pertinent. La seule chose dont on puisse dire qu'elle affecte la façon dont elle roule est la gravité. Sans doute roule-t-elle différemment sur la Lune parce que la force d'attraction gravitationnelle sur sa masse y est plus faible. Dans l'Univers, tout objet exerce une attraction sur tout autre objet et tous ressentent donc la présence des autres du fait de leurs attractions mutuelles. Tout mouvement dépend donc, en dernière analyse, de la façon dont la matière est distribuée, de sa masse, et non des propriétés de l'espace.

Masse Qu'entend-on au juste par masse ? C'est une mesure de la quantité de matière que contient un objet. La masse d'un morceau de métal est égale à la somme des masses de tous les atomes qui le composent. D'une façon subtile, la masse n'est pas le poids : le poids est la mesure de la force de gravité qui attire une masse vers le bas. Un astronaute pèse moins sur la Lune que sur la Terre – plus grosse qu'elle – du fait que la gravité y est moindre. Mais sa masse est la même : le nombre de ses atomes n'a pas changé. Albert Einstein a montré l'équivalence masse-énergie ; la masse peut donc être transformée en énergie pure et, en fin de compte, la masse, c'est de l'énergie.

Inertie L'inertie, du mot latin signifiant « inaction », est très semblable à la masse. Mais ce qu'elle décrit est la difficulté qu'il y a à déplacer un corps en lui appliquant une force : un objet possédant une grande inertie résiste au mouvement. Même dans l'espace interstellaire, il faut une force importante pour déplacer un objet massif : un gigantesque astéroïde rocheux qui risquerait de percuter la Terre exigerait une poussée phénoménale pour être dévié – qu'elle provienne d'une explosion nucléaire ou d'une force plus petite mais appliquée plus longtemps. À l'inverse, un vaisseau spatial, qui possède moins d'inertie que l'astéroïde, peut être manœuvré facilement à l'aide de minuscules moteurs à réaction.

C'est l'astronome italien Galileo Galilei qui, au XVIIe siècle, a formulé le principe d'inertie : un objet isolé qui n'est soumis à aucune force conserve son état de mouvement. S'il se déplace, il continue à le faire, sans variation de sa vitesse ou de sa direction. S'il est au repos, il le reste. Newton en donna une version plus raffinée dans sa première loi du mouvement.

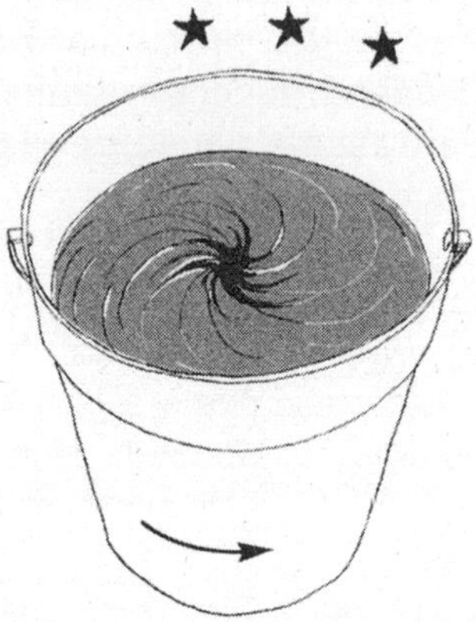

Le seau de Newton Newton a aussi développé une théorie de la gravitation. Il comprit que deux masses s'attirent l'une l'autre : une pomme tombe de l'arbre sur le sol parce qu'elle est attirée par la masse de la Terre ; mais, de la même façon, la Terre est attirée par la masse de la pomme, même si nous aurions du mal à mesurer son minuscule déplacement en direction de la pomme.

Newton montra que l'intensité de la pesanteur décroît très vite en fonction de la distance : la force que la Terre exerce est bien plus faible si l'on se trouve loin au-dessus d'elle qu'au sol. Ce qui ne nous empêcherait pas de ressentir son attraction, même réduite. Plus on s'éloigne, plus cette force faiblit mais elle agit toujours sur notre mouvement. En fait, tous les objets de l'Univers exercent une minuscule attraction gravitationnelle qui peut, de façon ténue, affecter notre mouvement.

Pour tenter de comprendre les relations entre objets et mouvements, Newton a imaginé la situation d'un seau d'eau en rotation. Quand le seau commence à tourner, l'eau reste immobile. Puis l'eau se met à tourner aussi. Sa surface se creuse : l'eau essaye de s'échapper en grimpant le long des parois mais celles-ci exercent des forces qui la maintiennent confinée dans le seau. Newton affirmait que la rotation de l'eau ne pouvait se comprendre que si on la regardait dans le référentiel fixe de l'espace absolu : ce qui nous permet de dire que le seau tourne est la simple observation de la concavité de la surface de l'eau créée par les forces à l'œuvre.

Des siècles plus tard, Mach revint sur ce raisonnement. Que se passerait-il si le seau rempli d'eau était la seule chose existant dans l'Univers ? Comment savoir si le seau tourne ? Ne pourrait-on pas aussi bien dire que c'est l'eau qui tourne par rapport au seau ? Pour que cela ait un sens, il faudrait ajouter un autre objet dans l'univers du seau, par exemple les murs d'une pièce ou même une étoile lointaine. Ce n'est qu'alors qu'on pourrait dire que le seau tourne autour de cet objet. Sans le cadre représenté par la salle immobile ou les étoiles fixes, comment dire si c'est l'eau ou le seau qui tourne ? Nous rencontrons le même problème quand nous regardons la trajectoire du Soleil ou des étoiles dans le ciel. Qu'est-ce qui est en rotation : la Terre ? Les étoiles ? Comment savoir ?

« L'espace absolu, par nature sans référence à quoi que ce soit d'extérieur, reste à jamais homogène et immuable. »
Isaac Newton, 1687

Pour Mach, et aussi pour Leibniz, le concept de mouvement, pour qu'il ait un sens, exige la référence à des objets extérieurs. En conséquence, celui d'inertie ne veut rien dire dans un univers réduit à un seul objet. Si l'Univers avait été dépourvu d'étoiles, nous n'aurions jamais su que la Terre tourne. Les étoiles nous apprennent que nous tournons autour d'elles.

Les idées de mouvement relatif opposé au mouvement absolu contenues dans le principe de Mach ont été source d'inspiration pour de nombreux physiciens depuis, tout particulièrement Einstein qui a forgé l'expression « Principe de Mach ». Einstein a utilisé cette idée que tout mouvement est relatif comme base de la Relativité restreinte et de la Relativité générale. Il a aussi résolu un des problèmes que les idées de Mach avaient laissé en suspens : rotation et accélération doivent créer des forces supplémentaires, mais où sont-elles ? Einstein a montré que si tout l'Univers tournait autour de la Terre, nous devrions ressentir une petite force qui se traduirait par un certain type d'oscillations.

Cela fait des milliers d'années que la nature de l'espace intrigue les savants. De nos jours, les théoriciens de la physique des particules pensent que l'espace est un chaudron en ébullition de particules subatomiques sans cesse créées et détruites. Masse, inertie, forces et mouvement pourraient bien être, *in fine*, la façon dont se manifeste une bouillonnante soupe quantique.

Ernst Mach (1838-1916)

Le physicien autrichien Ernst Mach est connu aussi bien pour le principe qui porte son nom que pour ses travaux en optique, en acoustique, sur la physiologie des perceptions sensorielles, en philosophie des sciences et, tout particulièrement, sur la vitesse supersonique. En 1877, il publia un article qui fit date où il décrivait la façon dont un projectile se déplaçant plus vite que le son produirait dans son sillage une onde de choc. C'est cette dernière qui est à l'origine du boom produit par un avion supersonique. Le rapport entre la vitesse du projectile – ou de l'avion supersonique – et celle du son est appelé le nombre de Mach : par exemple, Mach 2 représente deux fois la vitesse du son.

13

La Relativité restreinte

idée clé

LE MOUVEMENT EST RELATIF

En étudiant les mouvements relatifs, Albert Einstein montra, en 1905, que d'étranges effets apparaissent à de très grandes vitesses. En observant un objet dont la vitesse approcherait celle de la lumière, on le verrait devenir plus lourd, plus court et vieillir plus lentement. Rien ne pouvant aller plus vite que la lumière, le temps et l'espace compensent cette situation en se déformant à l'approche de cette limite universelle.

Il est vrai que « dans l'espace, personne ne vous entendra crier » : les ondes sonores résonnent dans l'air, mais leurs vibrations ne peuvent traverser le vide parce qu'il ne contient aucun atome. Par contre, la lumière peut circuler dans le vide comme la vue du Soleil et des étoiles nous le confirme. L'espace est-il rempli d'un substrat particulier, une sorte d'air électrique, à travers lequel se propageraient les ondes électromagnétiques ? Les physiciens de la fin du XIXe siècle le pensaient, croyant que l'espace baignait dans un gaz, « l'éther », dans lequel la lumière pouvait vibrer.

« L'introduction d'un éther se révèlera inutile dans la mesure où (...) aucun espace au repos doté de propriétés particulières ne sera introduit pas plus qu'un vecteur-vitesse ne sera associé à un point du vide qui serait le siège d'un processus électromagnétique. »

Albert Einstein

Vitesse de la lumière Cependant, en 1887, une expérience restée célèbre a prouvé que l'éther n'existait pas. La Terre tournant autour du Soleil, sa position dans l'espace change en permanence. Albert Michelson et Edward Morley conçurent une expérience ingénieuse qui permettrait de détecter son mouvement par rapport à l'éther, si du moins ce dernier existait. Ils comparèrent deux faisceaux de lumière parcourant des chemins différents, perpendiculaires l'un par rapport à l'autre et réfléchis par des miroirs situés à égale distance. Un nageur met moins de temps à effectuer un aller-retour en traversant une rivière d'une berge à l'autre qu'en parcourant la même distance en remontant le courant puis en le descendant. Ils attendaient un résultat semblable avec la lumière, le courant de la rivière jouant le rôle du mouvement de la Terre à travers l'éther. Mais ils n'enregistrèrent aucune différence : les faisceaux revinrent à leur point de départ exactement au même instant. Quelle que fût la direction de la lumière et de quelque façon que la Terre se déplaçât, la vitesse de la lumière demeurait inchangée : elle était insensible au mouvement. L'expérience prouvait que l'éther n'existait pas... mais ce fut Einstein qui s'en rendit compte.

Cela allait dans le même sens que le principe de Mach (voir page 84) : cela signifiait qu'il n'y avait pas de coordonnées fixées en arrière-plan par rapport auxquelles les objets seraient en mouvement. Contrairement aux vagues ou aux ondes sonores, la lumière semblait se déplacer toujours à la même vitesse. C'était étrange et assez différent de ce qu'enseigne le sens commun pour lequel les vitesses s'ajoutent : si vous êtes en train de conduire à 50 km/h et qu'un véhicule roulant à 65 km/h vous dépasse, tout se passe comme si vous étiez immobile et que l'autre vous doublait en roulant à

15 km/h. Mais, quand bien même vous vous déplacez à plusieurs centaines de km/h, la lumière se déplacerait toujours à la même vitesse : 300 000 kilomètres par seconde, que vous allumiez une lampe assis dans un avion à réaction ou sur une bicyclette.

Cette immuabilité de la vitesse de la lumière intriguait Einstein en 1905 et le conduisit à élaborer sa théorie de la Relativité restreinte. Alors obscur employé au Bureau suisse des brevets, Einstein mit au point ses équations à partir de rien pendant son temps libre. La Relativité restreinte était la découverte la plus importante depuis Newton et elle révolutionna la physique. Le point de départ d'Einstein fut l'hypothèse que la lumière se déplace à vitesse constante et apparaît de la même manière à tout observateur, quelle que soit sa vitesse propre.

Mais, si la vitesse de la lumière ne change pas, il faut bien qu'il y ait autre chose qui le fasse, en compensation.

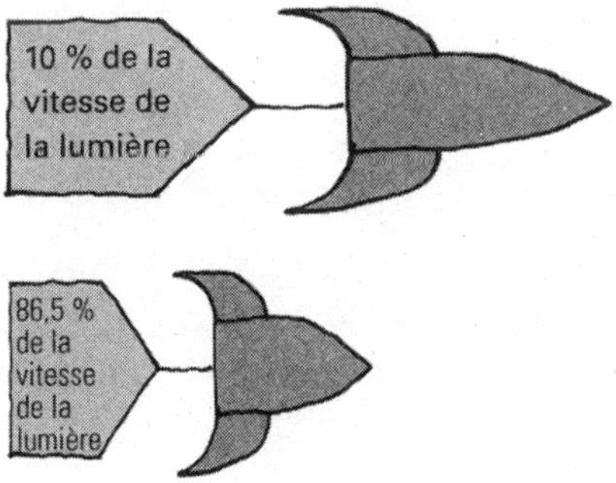

Le paradoxe des jumeaux

Imaginons que des êtres humains soient soumis à la dilatation du temps. Pourquoi pas... Si votre jumeau partait dans l'espace à bord d'une fusée suffisamment rapide et pour suffisamment longtemps, il vieillirait plus lentement que vous sur Terre. À son retour, il vous trouverait bien plus vieux, lui-même étant resté jeune et fringant... Bien que cela puisse sembler impossible, il n'y a là aucun réel paradoxe : il aurait fallu que notre jumeau resquilleur de l'espace subisse des forces puissantes pour que de tels changements se produisent. Du fait de ce décalage du temps, des événements simultanés dans un référentiel peuvent ne pas l'être dans un autre. Quand le temps ralentit sa marche, les longueurs se contractent en même temps. Un objet ou une personne se déplaçant à pareille vitesse ne se rendrait compte de rien. Seul un autre observateur en percevrait les effets.

Espace et temps Dans la lignée des idées développées par Hendrik Lorenz, George Fitzgerald et Henri Poincaré, Einstein montra que l'espace et le temps doivent se déformer pour que soient cohérents les différents points de vue d'observateurs se déplaçant à des vitesses proches de celle de la lumière. Les trois dimensions de l'espace et celle du temps forment un monde quadridimensionnel dans lequel Einstein put donner libre cours à son imagination débordante. La vitesse est une distance divisée par une durée. Aussi, pour que la vitesse de la lumière ne soit pas dépassée, il faut, en compensation, une contraction des distances et un ralentissement du temps : une fusée qui s'éloignerait à la vitesse de la lumière vous paraîtrait plus ramassée et son temps s'écoulerait plus lentement.

« Ce qu'il y a de moins compréhensible concernant l'Univers, c'est qu'il soit tant soit peu compréhensible. »
Albert Einstein

Einstein précisa la façon dont il faudrait réécrire les lois du mouvement pour des observateurs se déplaçant à des vitesses différentes. Il écarta tout repère absolu, tel l'éther, et affirma que tout mouvement est relatif, sans point de vue privilégié. En regardant un train tout en étant assis dans un autre, vous ne pouvez pas savoir lequel est en train de s'éloigner. Mais il y a plus : même si vous pouvez voir que votre train est immobile par rapport au quai, vous ne pouvez pas en déduire que vous êtes immobile mais seulement que vous n'êtes pas en mouvement par rapport au quai. Nous ne ressentons pas le mouvement de la Terre autour du Soleil, pas plus que le chemin suivi par ce dernier à travers notre galaxie ou, plus loin encore, le déplacement de la Voie lactée en direction du superamas de la Vierge. Nous ne ressentons que les mouvements relatifs – nous par rapport au quai, la Terre par rapport aux étoiles.

Einstein baptisa ces différents points de vue référentiels d'inertie. Il s'agit d'espaces en mouvement les uns par rapport aux autres à vitesse constante, sans subir d'accélération, ou de force. Si vous êtes assis dans une voiture circulant à 50 km/h, vous vous trouvez dans un référentiel d'inertie et vous ressentez les mêmes choses que dans un train lancé à 100 km/h – un autre référentiel d'inertie – ou dans un avion à réaction filant à 500 km/h – un autre encore. Einstein affirma que les lois de la physique sont les mêmes dans tous les référentiels d'inertie : votre stylo tomberait de la même manière dans la voiture, le train ou l'avion.

Plus lent, plus lourd Quant aux mouvements relatifs à des vitesses proches de celle de la lumière, Einstein prédit que leur temps serait ralenti. La dilatation du temps exprime le fait que des horloges dans des référentiels d'inertie différents battraient à des rythmes différents. On le prouva en 1971 : quatre horloges atomiques identiques furent embarquées chacune sur un avion devant faire deux fois le tour de la Terre, deux allant vers l'Est et deux vers l'Ouest. La comparaison avec une horloge synchronisée restée au sol, aux États-Unis, montra que les horloges embarquées avaient perdu une fraction de seconde par rapport à cette dernière, conformément aux prédictions de la Relativité restreinte d'Einstein.

Autre obstacle qui empêche les objets de dépasser le mur de la vitesse de la lumière est que leur masse augmente, conformément à la formule $E = mc^2$. Un objet deviendrait infiniment lourd s'il se déplaçait à la vitesse de la lumière, toute nouvelle accélération devenant impossible. Dès qu'un objet possède une masse, il ne peut atteindre la vitesse de la lumière mais seulement tendre vers elle : plus il s'en approche, plus il devient lourd et difficile à accélérer. Les photons qui constituent la lumière n'ont pas ce problème puisque leur masse est nulle.

La Relativité restreinte d'Einstein a représenté un changement profond.

L'équivalence masse – énergie a été déconcertante, comme l'ont été ses conséquences sur la dilatation du temps et de la masse. Einstein était un parfait inconnu quand il a publié sa théorie. Mais son article fut lu par Max Planck, un physicien de renom, et ce fut peut-être le soutien de ce dernier qui permit à ses idées de ne pas tomber aux oubliettes mais, au contraire, d'être acceptées. Planck vit la beauté des équations d'Einstein et le propulsa vers la célébrité.

14

La Relativité générale

idée clé

COURBURES DE L'ESPACE-TEMPS

La théorie de la Relativité générale d'Einstein, en intégrant la gravitation à sa théorie de la Relativité restreinte, bouleversa notre vision de l'espace et du temps. Dépassant les lois de Newton, il nous a fait pénétrer dans un univers de trous noirs, de trous de ver et de lentilles gravitationnelles.

Imaginez quelqu'un se jetant du haut d'un bâtiment très élevé, ou sautant en parachute depuis un avion, accéléré vers le sol par la gravité. Einstein se rendit compte que, en pareille situation de chute libre, on ne ressent pas la gravité. Autrement dit, on ne pèse rien ! C'est exactement ainsi que l'on fait de nos jours pour préparer les astronautes à l'absence de pesanteur ressentie dans l'espace : ils embarquent dans un avion pour un « vol parabolique » (en anglais, c'est l'avion qui est élégamment surnommé *Vomit Comet*, ce qu'on pourrait traduire par « la machine à vomir ») imitant les montagnes russes. Quand l'avion vole vers le haut, les passagers sont collés à leur siège parce qu'ils ressentent une gravitation encore plus intense. Puis quand il tombe en piqué, ils sont en impesanteur, libérés de la gravité, et peuvent flotter à l'intérieur de l'appareil.

Accélération Einstein remarqua qu'attraction gravitationnelle et accélération sont des notions équivalentes. La Relativité restreinte décrit ce qui se produit dans des référentiels d'inertie en mouvement à vitesse constante les uns par rapport aux autres. Mais la gravité se produit dans un référentiel en accélération. Einstein décrivit cette réflexion comme la plus heureuse de sa vie.

Pendant les années qui ont suivi, Einstein en explora les conséquences. Il discuta de ces idées avec des collègues proches de lui et utilisa les formalismes mathématiques les plus avancés pour les exprimer : c'est ainsi qu'il élabora une théorie complète de la gravitation qu'il appela Relativité générale. Il publia son travail en 1915, année qui s'avéra particulièrement riche puisqu'il le révisa plusieurs fois presque immédiatement. Cette œuvre impressionna ses pairs. La théorie fournissait même des prédictions curieuses, et vérifiables, comme le fait que la lumière était déviée par un champ gravitationnel et le fait que l'orbite elliptique de Mercure pivotait lentement en raison du champ gravitationnel du Soleil.

« Temps, espace et gravitation n'ont pas d'existence indépendante de la matière. »
Albert Einstein

Espace-temps Dans la théorie de la Relativité générale, les trois dimensions de l'espace et celle du temps sont mêlées en un seul quadrillage spatio-temporel d'un espace quadridimensionnel – sa métrique. La vitesse de la lumière est toujours constante et rien ne peut la dépasser. Quand il y a un mouvement et accélération, c'est la métrique de l'espace-temps qui se déforme pour la maintenir constante.

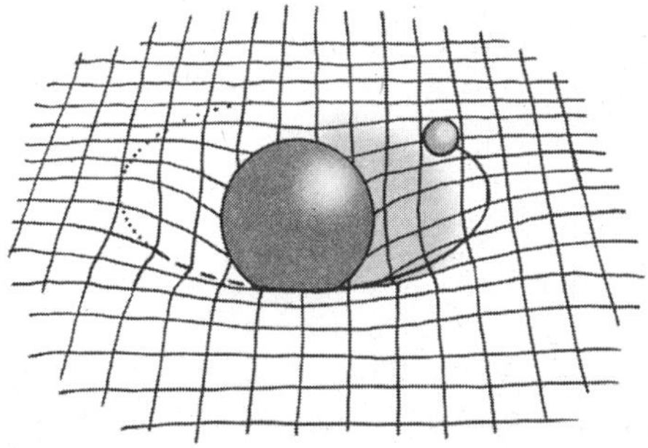

On se représente mieux la Relativité générale en imaginant l'espace-temps comme étant une pièce de caoutchouc tendue sur un dessus de table percé. Les objets dotés d'une masse sont comme de lourdes boules posées sur le caoutchouc. Elles créent autour d'elles une dépression dans l'espace-temps. Imaginez une boule représentant la Terre placée sur la pièce de caoutchouc. Elle crée une dépression sur le plan élastique. Si, maintenant, vous lancez une boule plus petite, par exemple un astéroïde, elle va suivre la dépression et descendre vers la Terre. Voilà comment se fait sentir la gravité. Si la boule plus petite se déplace suffisamment vite et que le creux créé par la Terre est suffisamment profond, ce corps plus petit peut se maintenir sur une orbite circulaire semblable à celle de la Lune, tel un cycliste casse-cou qui peut rouler sur une piste inclinée. Tout l'Univers peut être regardé comme une pièce de caoutchouc géante. Planètes, étoiles, galaxies : toutes créent des dépressions qui peuvent attirer ou dévier des objets plus petits, comme des balles sur un terrain de golf.

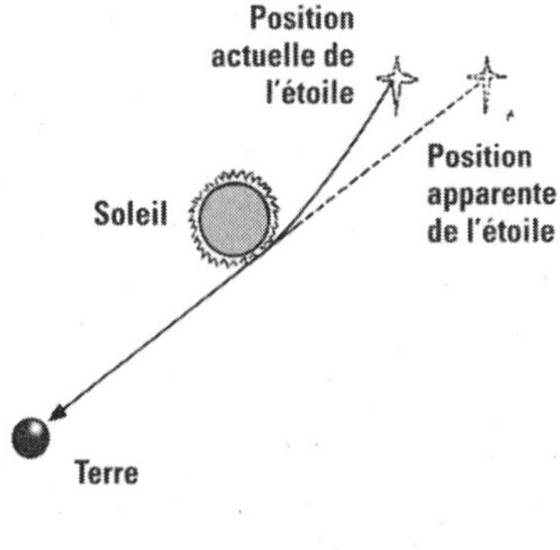

Einstein comprit que, du fait des déformations de l'espace-temps, la lumière devait être déviée en passant à proximité d'un corps massif comme le Soleil. Il avait prédit que la position d'une étoile située juste derrière le Soleil devrait être décalée un peu du fait que la lumière qui en provenait serait déviée par la masse solaire. Le 29 mai 1919, les astronomes du monde entier se réunirent pour mettre à l'épreuve les prédictions d'Einstein à l'occasion d'une éclipse totale de Soleil. Ce fut l'un de ses moments de gloire où sa théorie, que certains trouvaient absurde, se révéla en fait proche de la vérité.

Torsions et trous La déviation des rayons lumineux est aujourd'hui confirmée par la lumière qui a traversé l'Univers. La lumière provenant de galaxies très lointaines est manifestement déviée à proximité de zones très massives comme un amas géant de galaxies ou de très grosses galaxies. Le point lumineux d'origine est étalé en un arc. Cela ressemble à l'effet d'une lentille, aussi a-t-on nommé le phénomène « lentille gravitationnelle ». Si la galaxie source se trouve juste derrière l'objet massif qui s'interpose, la lumière est étalée en un cercle complet appelé anneau d'Einstein. Le télescope spatial Hubble a pris de nombreuses et magnifiques photos de ce spectacle.

« Un homme est assis avec une jolie fille
pendant une heure qui lui paraît durer une minute.
Il reste assis sur un poêle brûlant pendant une minute
qui lui semble être une heure...
Voilà ce qu'est la relativité. »
Albert Einstein

La théorie d'Einstein de la Relativité générale est aujourd'hui d'utilisation courante pour modéliser l'ensemble de l'Univers. L'espace-temps peut être vu comme un paysage avec ses collines, ses vallées, ses trous et ses bosses. Jusqu'à maintenant, la Relativité générale a passé avec succès tous les tests expérimentaux. Les zones de test sont parmi celles où la gravité est particulièrement grande, ou au contraire très faible.

Les trous noirs (voir page 96) sont des puits très profonds de l'espace-temps. Ils sont si profonds et escarpés que tout ce qui s'en approche suffisamment y tombe, y compris la lumière. Ils forment des trous – des singularités – de l'espace-temps. Ce dernier peut aussi se tordre en trous de ver, ou tubes, mais cela n'a encore jamais été observé.

À l'autre bout de l'échelle, là où la gravité est très faible, il est possible qu'elle finisse par se morceler en minuscules quanta, comme la lumière est faite de blocs formés par les photons individuels. Mais personne n'a jamais vu un quelconque « grain » de gravité. Des théories quantiques de la gravité ont été élaborées mais, en l'absence de preuves pour les étayer, l'unification de la théorie quantique et de la gravitation est insaisissable. Jusqu'à la fin, Einstein caressa l'espoir d'y parvenir mais même lui échoua. Le défi tient toujours !

Ondes gravitationnelles

Un autre aspect de la Relativité générale est que des ondes peuvent apparaître à la surface de l'espace-temps, se propageant particulièrement à partir de trous noirs et d'étoiles denses et compactes en rotation comme les pulsars. Les astronomes ont remarqué que la vitesse de rotation de certains pulsars décroît et ils s'attendent donc à ce que l'énergie perdue ait été transformée en ondes gravitationnelles. Mais ces dernières n'ont toujours pas été détectées. Les physiciens ont construit, sur Terre et dans l'espace, des détecteurs géants qui utilisent l'oscillation d'extrêmement grands rayons laser pour détecter le passage de ces ondes. Si l'on réussissait à détecter des ondes gravitationnelles, ce serait un nouveau succès pour la théorie de la Relativité générale d'Einstein.

15

Trous noirs

idée clé

PIÈGES À LUMIÈRE

Tomber dans un trou noir ne serait pas agréable : vous seriez écartelés tandis que tout ce que verraient vos amis est que vous êtes figé dans le temps alors même que vous tombez. Les trous noirs ont d'abord été vus comme des étoiles gelées dont la vitesse de libération dépasserait celle de la lumière. Aujourd'hui, on considère que ce sont des trous – des « singularités » – dans la toile de l'espace-temps d'Einstein. Loin d'être le fruit de notre imagination, des trous noirs géants occupent le centre des galaxies, y compris la nôtre, tandis que de plus petits parsèment l'espace – fantômes d'étoiles mortes.

Une balle lancée en l'air atteint une certaine hauteur avant de retomber. Plus la vitesse initiale sera grande, plus haut elle montera. Avec une vitesse suffisante, elle pourra même échapper à l'attraction de la Terre et dériver dans l'espace. La vitesse nécessaire pour cela est appelée « vitesse de libération » ; elle est de 11 km/s. C'est donc la vitesse qu'il faut communiquer à une fusée pour qu'elle puisse quitter la Terre. La vitesse de libération est plus petite sur la Lune : 2,4 km/s.

Mais, sur une planète plus massive, elle augmente. Si elle est suffisamment massive, la vitesse de libération peut atteindre, voire dépasser, celle de la lumière ; même elle ne peut pas s'en échapper. Un tel objet si massif et si dense que même la lumière y reste piégée est appelé trou noir.

Horizon des événements Le concept de trou noir a été développé au XVIIIe siècle par le géologue John Michell et le mathématicien Pierre-Simon de Laplace. Plus tard, après qu'Einstein eut avancé ses théories de la Relativité, Karl Schwarzschild étudia ce que pouvait être un trou noir. Dans la Relativité générale, espace et temps sont liés et se comportent ensemble comme un immense morceau de caoutchouc qui se déforme sous l'effet de la gravitation créée par la masse d'un objet. Une planète massive est maintenue dans un creux de l'espace-temps. Son attraction gravitationnelle est équivalente à la force subie par un objet qui glisse le long de la pente, objet dont la trajectoire peut être déformée et qui peut même être mis en orbite.

Dans ce contexte, qu'est-ce qu'un trou noir ? C'est un puits si profond et si escarpé que tout ce qui s'en approche suffisamment y tombe et ne peut en ressortir. C'est un trou dans la toile de l'espace-temps, comme un panier de basket qui ne vous rendrait jamais votre balle.

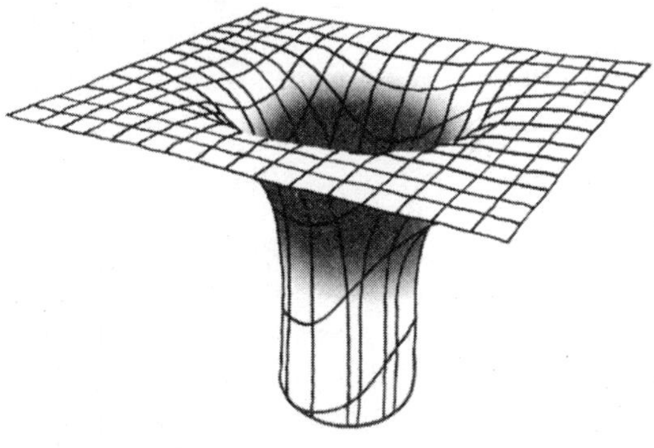

En passant loin d'un trou noir, votre trajectoire pourrait s'infléchir dans sa direction mais vous n'y tomberiez pas.

Mais, en passant trop près, vous n'y échapperez pas. Un photon subira le même sort. La distance critique qui sépare ces deux destins est appelée «horizon des événements». Tout ce qui le franchit, y compris la lumière, plonge dans le trou noir.

On a décrit la chute dans un trou noir comme étant une «spaghettification»: les parois en sont si escarpées qu'il y a un très fort gradient de gravitation ; s'il vous arrivait de tomber dans un trou noir les pieds les premiers – et souhaitons que cela ne vous arrive jamais –, vos pieds seraient attirés bien plus fort que votre tête et vous vous retrouveriez étiré comme dans le supplice du chevalet... Ajoutez à cela un zeste de rotation et vous seriez malaxé comme un chewing-gum et transformé en spaghettis. Ce qui n'est pas une très belle fin. Certains scientifiques ont réfléchi aux moyens de protéger quelqu'un qui croiserait un trou noir. Il semble qu'une façon de faire pourrait être de porter une lourde ceinture de survie: si cette dernière est suffisamment lourde et dense, elle neutraliserait le gradient de gravité et vous conserverait votre forme – et votre vie !

Étoiles figées L'expression «trou noir» fut forgée en 1967 par John Wheeler comme façon plus parlante de décrire les «frozen stars», les étoiles figées. Leur existence avait été prédite par les théories d'Einstein et Schwarzschild dans les années 1930. Le comportement de l'espace et du temps à proximité de l'horizon des événements est étrange: un objet émettant de la lumière qui c'on approchcrait donnerait l'impression de ralentir car les ondes lumineuses qu'il émet mettraient de plus en plus de temps à atteindre un observateur extérieur. Ce dernier verrait, au moment où l'horizon est franchi, le temps propre de l'objet finir par s'arrêter: dès cet instant, l'objet apparaîtrait comme figé. Par conséquent, l'étoile paraît tout geler au point de chute dans l'horizon des événements, comme prédit.

L'astrophysicien Subrahmanyan Chandrasekhar avait prédit qu'une étoile pesant plus de 1,4 fois la masse solaire finirait par s'effondrer pour former un trou noir. Mais nous savons aujourd'hui, de par les lois de la physique quantique,

que les naines blanches et les étoiles à neutrons se maintiennent et il faut qu'une étoile atteigne trois fois la masse solaire pour former un trou noir. Il a fallu attendre les années 1960 pour que des éléments prouvant l'existence des trous noirs aient été découverts.

Puisque les trous noirs aspirent la lumière, comment les observer ? Il existe deux manières. Tout d'abord, nous pouvons les repérer par leur attraction sur les autres corps. Ensuite, quand un gaz tombe dedans, il s'échauffe et luit avant de disparaître. On a utilisé la première méthode pour identifier le trou noir tapi au centre de notre propre galaxie : les étoiles qui passent près de lui sont comme fouettées et se retrouvent rejetées sur des orbites allongées. La masse du trou noir au centre de notre Voie lactée est de 3 millions de fois celle du Soleil, concentrée dans une région dont le rayon n'est que d'environ 10 millions de kilomètres (30 secondes-lumière). Les trous noirs qui se trouvent au centre des galaxies sont qualifiés de « supermassifs ». Nous ne savons pas comment ils se sont formés. Mais ils semblent influencer la façon dont croissent les galaxies et pourraient donc avoir été présents dès le début. Ou peut-être proviennent-ils de l'effondrement en un même point de millions d'étoiles.

La deuxième façon de voir un trou noir provient de la lumière émise par le gaz dont la température s'élève à mesure qu'il tombe. Les quasars, les objets les plus lumineux de l'Univers, brillent à cause du gaz qui est aspiré par les trous noirs supermassifs situés au centre de galaxies lointaines. Des trous noirs plus petits, de quelques masses solaires, peuvent aussi être identifiés par les rayons X émis par le gaz qui y tombe.

« Les trous noirs sont les objets macroscopiques les plus parfaits de l'Univers : leurs seuls éléments constitutifs sont nos concepts d'espace et de temps. »
Subrahmanyan Chandrasekhar

Évaporation

Aussi étrange que cela puisse paraître, les trous noirs finissent par s'évaporer. Dans les années 1970, Stephen Hawking avança qu'ils ne sont pas complètement noirs mais rayonnent des particules à cause d'effets quantiques. C'est ainsi que, peu à peu, leur masse diminue et que le trou noir rétrécit jusqu'à disparaître. L'énergie du trou noir crée en permanence des paires particule/antiparticule. Si cela se produit près de l'horizon des événements, il peut se faire qu'une des particules s'échappe tandis que l'autre retombe. Vu de l'extérieur, le trou noir émet des particules : on appelle cela le rayonnement de Hawking. C'est cette énergie émise qui provoque le rétrécissement du trou noir. Ce concept demeure théorique et personne ne sait vraiment ce qu'il advient d'un trou noir. Le fait qu'on en détecte beaucoup laisse penser que ce processus d'évaporation est très long : en attendant, les trous noirs tiennent bon !

Trous de ver Qu'y a-t-il au fond d'un trou noir dans le tissu de l'espace-temps ? On suppose qu'ils se terminent par une pointe acérée, ou peut-être sont-ils vraiment des trous, déchirures du tissu. Mais certains théoriciens se sont demandé ce qui pourrait se produire s'ils rejoignaient un autre trou. On peut imaginer deux trous noirs voisins comme de longs tubes pendant sous le tissu de l'espace-temps. Si ces tubes se rencontraient, un trou de ver pourrait se former reliant les entrées des deux trous noirs. Muni de votre « ceinture de survie », vous pourriez sauter dans un trou noir et ressurgir dans l'autre. Cette idée a fait les choux gras de la science-fiction pour les voyages à travers le temps et l'espace. Mais peut-être un trou de ver conduit-il à un univers entièrement différent ? Les possibilités de réinventer l'Univers sont sans fin – mais n'oubliez pas votre ceinture de survie !

« Non seulement Dieu joue aux dés mais, parfois, il les lance là où nous ne pouvons pas les voir. »
Stephen Hawking

16

Classer les étoiles

idée clé

LES ESPÈCES D'ÉTOILES

La couleur d'une étoile nous livre les secrets de sa température et de sa composition chimique, toutes choses liées, en fin de compte, à sa masse. Au début du XXe siècle, les astronomes ont classé les étoiles selon la nuance de leur couleur et leur spectre : ils ont découvert des structures qui faisaient penser à une physique sous-jacente. La classification des étoiles a été l'œuvre d'un groupe remarquable de femmes astronomes qui travaillèrent à Harvard dans les années 1920.

En y regardant de près, vous pourrez remarquer que les étoiles se montrent sous de nombreuses couleurs différentes. Notre Soleil est jaune, mais Bételgeuse est rouge, Arcturus jaune aussi et Véga bleu-blanc. L'astronome William Herschel a nommé un amas d'étoiles de l'hémisphère sud « La boîte à bijoux » parce qu'« il brillait comme un coffret de pierres précieuses de différentes couleurs » à travers son télescope.

Que nous disent les couleurs ? C'est la température qui est la cause principale des nuances. Les étoiles les plus chaudes apparaissent en bleu et leur surface peut atteindre la température de 40 000 K; les étoiles les plus froides luisent en rouge et ne font que quelques milliers de kelvins. Entre les deux, en allant vers des atmosphères de plus en plus froides, la couleur d'une étoile tend vers le blanc, le jaune, l'orange.

Cette suite de couleurs reflète le rayonnement de corps noir des corps qui sont des émetteurs et récepteurs tout prêts de chaleur. De l'acier en fusion au charbon des barbecues, la couleur dominante du rayonnement – la fréquence maximale des ondes électromagnétiques émises – suit la température. Les étoiles aussi émettent dans une gamme étroite de fréquences avec, en gros, un maximum du même ordre bien que leur température soit de loin supérieure à celle des morceaux de charbon.

Les calculatrices de Harvard

Les astronomes de Harvard qui réalisèrent cette classification à la fin du XIXe siècle formaient un groupe inhabituel pour l'époque. Le responsable de l'observatoire, Edward Pickering, embaucha de nombreuses femmes pour assurer les tâches répétitives mais hautement qualifiées nécessaires à l'étude de centaines d'étoiles, allant de minutieuses mesures faites à partir de plaques photographiques jusqu'aux analyses numériques. Pickering embaucha des femmes parce qu'elles étaient fiables et moins payées que des hommes. Plusieurs de ces «calculatrices de Harvard» devinrent des astronomes célèbres par elles-mêmes, dont Annie Jump Cannon – qui publia les types spectraux stellaires OBAFGKM en 1901 – et Cecilia Payne Gaposchkin – qui établit en 1912 que la température était sous-jacente à cette classification.

Spectres d'étoiles À la fin du XIXe siècle, les astronomes observèrent avec davantage d'attention la lumière des étoiles, la décomposant comme le fait un arc-en-ciel. De la même façon que le spectre du Soleil présente des sauts à certaines longueurs d'onde – les raies de Fraunhofer –, celui des étoiles est strié de raies sombres correspondant à l'absorption de leur lumière par les gaz chauds qui les entourent. L'enveloppe extérieure, plus froide, absorbe la lumière produite par l'intérieur, plus chaud.

L'hydrogène est l'élément le plus abondant dans les étoiles : ses raies d'absorption sont donc facilement visibles dans leur spectre. Les longueurs d'onde absorbées traduisent les niveaux d'énergie de l'atome d'hydrogène. Ces fréquences produisent des photons possédant l'exacte quantité d'énergie nécessaire pour permettre à l'électron périphérique de l'atome de passer d'un échelon à un autre. Les niveaux d'énergie sont, comme les frettes d'une guitare, plus rapprochés dans les hautes fréquences ; aussi les raies d'absorption qui en résultent – qui correspondent aux écarts entre les frettes – forment-elles une suite caractéristique.

Par exemple, un électron au premier niveau d'énergie peut absorber un photon et passer ainsi au deuxième niveau ; en en absorbant un peu plus, il peut passer au troisième niveau, voire en absorber davantage et passer au quatrième, et ainsi de suite. Chacune de ces étapes impose la fréquence d'une raie d'absorption. Si les électrons sont déjà au deuxième niveau, les choses se passent de façon semblable mais avec un léger décalage vers les énergies plus élevées. Même chose pour le troisième niveau. Pour l'atome d'hydrogène, de telles séries de raies sont nommées en hommage à de grands physiciens : la première des séries des plus hautes énergies, située dans l'ultraviolet, est appelée série de Lyman ; ses raies sont Lyman-alpha, Lyman-bêta, Lyman-gamma, etc. La série suivante, située dans la partie visible du spectre, est la série de Balmer dont les raies primaires sont appelées, le plus souvent, H-alpha, H-bêta, etc.

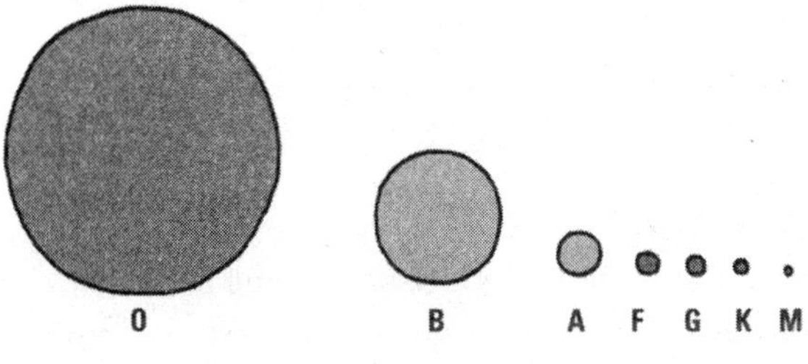

L'intensité de chacune des raies de l'hydrogène dépend de la température du gaz qui l'absorbe : en mesurant les intensités relatives des raies, les astronomes peuvent donc estimer la température de ce dernier. D'autres éléments chimiques de la couche externe de l'étoile absorbent la lumière et l'intensité de leurs raies peut aussi signaler la température. Les étoiles froides peuvent avoir des raies d'absorption intenses provenant d'autres éléments plus lourds, comme le carbone, le calcium, le sodium et le fer. Parfois, elles révèlent même la signature de molécules, comme le dioxyde de titane qu'on trouve fréquemment – le même produit chimique que celui qui est utilisé dans les crèmes solaires. Les éléments lourds – auxquels les astronomes se réfèrent sous le nom collectif de « métaux » – ont tendance à rendre les étoiles plus rouges.

Classification L'identification des espèces constitue pour les naturalistes un moyen de comprendre l'évolution. De la même manière, les astronomes ont classifié les étoiles d'après les caractéristiques de leur lumière. Au départ, les étoiles ont été classées d'après l'intensité de leurs différentes raies d'absorption mais une approche plus holiste a été développée aux États-Unis, à la fin du XIXe siècle et au début du XXe, au Harvard College Observatory.

« Une tentative d'étudier l'évolution des organismes vivants sans référence à la cytologie serait aussi vaine qu'une description de l'évolution des étoiles qui ignorerait la spectroscopie. »
J.B.S. Haldane

Le système de Harvard est toujours en vigueur : il classe les étoiles en fonction de leur température. Des plus chaudes, à presque 40000 K, aux plus froides, à 2000 K, les étoiles sont réparties dans des catégories nommées par les lettres OBAFGKM. Les étoiles de classe O sont chaudes et bleues ; celles de classe M sont froides et rouges. Le Soleil est une étoile de classe G, avec une température de surface d'environ 6000 K. Cette suite apparemment aléatoire de lettres s'est imposée pour des raisons historiques, en remettant ensemble d'anciennes catégories spectrales qui avaient été nommées soit par types d'étoiles soit par ordre alphabétique. Les astronomes se rappellent cette suite de lettres à l'aide de moyens mnémotechniques, le plus connu étant: «*Oh be a fine girl/guy kiss me*». Le système a depuis été affiné: des sous-catégories ont été créées, numérotées de 0 à 10: une étoile de classe B5 est donc à mi-chemin entre une étoile de classe B et une de classe A. Le Soleil est de classe G2.

La plupart des étoiles trouvent leur place dans le système OBAFGKM mais quelques-unes non. En 1906, l'astronome danois Ejnar Hertzsprung a remarqué que les étoiles les plus rouges ont des formes démesurées: les géantes rouges, comme Bételgeuse, brillent davantage que le Soleil et ont des rayons des centaines de fois plus grands que le sien; les naines rouges sont bien plus petites et moins brillantes que le Soleil. D'autres catégories d'étoiles ont suivi, dont les naines blanches chaudes, les étoiles froides au lithium, les étoiles carbonées, les naines brunes. On a aussi identifié des étoiles bleues chaudes à raies d'émission et des étoiles Wolf-Rayet – des étoiles chaudes avec une puissante éjection de matière et que l'on voit dans des raies d'absorption étendues. Les catégories d'étoiles forment un véritable zoo, ce qui suggère l'existence de lois expliquant les étoiles aussi bien que leurs caractéristiques. Les astronomes ont dû déterminer leur évolution, c'est-à-dire comment elles passent d'un type à un autre au fil de leur combustion.

Magnitudes

L'éventail des luminosités des étoiles est très étendu et, en astronomie, on les mesure sur une échelle logarithmique. On a attribué à l'étoile brillante Véga la magnitude 0; l'étoile la plus brillante, Sirius, a une magnitude de $-1,5$. Les étoiles moins brillantes ont des magnitudes qui vont croissant: 1 puis 2, etc. Le facteur multiplicatif est d'environ 2,5. Si les distances sont connues, la «magnitude absolue» d'une étoile peut être trouvée: il s'agit de sa luminosité à une distance fixée, généralement 10 parsecs (32,6 années-lumière).

17

Naissances d'étoiles

idée clé

UNE ÉTOILE EST NÉE

Les étoiles naissent lorsque des nuages de gaz sont comprimés par la gravité en boules compactes. Pendant l'effondrement, la pression et la température du gaz augmentent jusqu'à devenir suffisantes pour soutenir l'étoile et empêcher son effondrement ultérieur. Si la masse de la boule de gaz est suffisamment grande, la pression au centre peut enclencher les réactions de fusion : l'étoile s'allume.

La plupart des étoiles se forment au sein d'immenses nuages moléculaires, réservoirs de gaz dense à l'intérieur des galaxies. La Voie lactée abrite environ 6000 nuages moléculaires, qui représentent environ la moitié de sa masse totale de gaz. Parmi les exemples proches, la nébuleuse d'Orion à quelques 1300 années-lumière ($1{,}2 \times 10^{16}$ km) et le complexe nuageux Rhô Ophiuchi, à 400 années-lumière. De telles régions peuvent faire plusieurs centaines d'années-lumière de diamètre et contenir suffisamment de gaz pour fabriquer des millions de soleils. Ils présentent une densité de gaz 100 fois plus grande que celle communément trouvée dans l'espace interstellaire où la norme est inférieure à un atome par cm^3.

L'espace interstellaire est composé à 70 % d'hydrogène, le reste étant de l'hélium et des traces d'éléments plus lourds. Les nuages denses peuvent être suffisamment froids pour abriter des molécules d'hydrogène (H_2) aussi bien que des atomes. Souvent à une température de quelques degrés au-dessus du zéro absolu, les nuages moléculaires comprennent quelques-uns des points les plus froids de l'Univers. La nébuleuse du Boomerang, par exemple, a une température de 1 K, ce qui est moins que les 3 K du fond diffus cosmologique !

« La lumière qui nous ferme les yeux ne nous
est que ténèbres. Seul point le jour
où nous nous éveillons. Il y a plus de jour à poindre.
Le Soleil n'est qu'une étoile du matin. »
Henry David Thoreau

Protoétoiles Les étoiles naissent, à l'intérieur des nuages, là où la densité de gaz dépasse la moyenne. On ne sait pas pourquoi cela se produit : peut-être simplement à cause des turbulences ou de la perturbation que crée l'explosion d'une supernova proche. Des champs magnétiques peuvent aussi y jouer un rôle.

Une fois qu'un nuage de gaz de taille suffisante est formé, la gravité entre en scène et s'occupe de la suite. La boule se concentre, sa pression augmente, sa chaleur aussi. L'énergie potentielle gravitationnelle est alors libérée, comme lorsqu'une balle accélère pendant qu'elle roule au bas d'une pente. Les deux actions – chaleur et pression – s'opposent à l'attraction gravitationnelle et s'efforcent d'arrêter l'effondrement de la sphère en la gonflant. La masse critique qui définit l'équilibre entre ces deux ensembles de forces est appelée masse de Jeans, d'après le nom du physicien James Jeans. Les nuages qui la dépassent continuent à évoluer, les autres non.

Étoiles doubles

Les étoiles doubles peuvent être identifiées de différentes façons : visuellement, en les recherchant avec un télescope ; par analyse spectrale, en observant les décalages Doppler dans les raies qui montrent qu'elles sont en orbite l'une autour de l'autre ; en observant les éclipses, quand l'une des étoiles occulte l'autre en passant devant elle ; enfin par astrométrie : quand une étoile paraît osciller légèrement, cela indique la présence d'une étoile compagnon. William Herschel, dans les années 1870, fut l'un des premiers à observer des paires d'étoiles, en recensant des centaines dans un catalogue.

« Il faut avoir du chaos en soi pour accoucher d'une étoile qui danse. »
Friedrich Nietzsche

Par gravité, la zone peut attirer davantage de matière provenant de son voisinage qui, en tombant vers elle, peut lui permettre de s'effondrer encore plus. Pendant que le nuage rétrécit, il s'échauffe et commence à luire. Quand sa température atteint environ 2 000 K, elle est suffisante pour briser les molécules d'hydrogène et ioniser les atomes dans le nuage hôte. Une nouvelle façon de libérer l'énergie thermique s'étant présentée, l'étoile s'effondre encore davantage jusqu'à atteindre le point où elle n'est plus soutenue que par sa propre pression interne. On parle alors de protoétoile.

Les protoétoiles poursuivent leur croissance en agrégeant de la matière. Cela se fait à travers la formation d'un disque plat, appelé disque circumstellaire, qui canalise efficacement la matière. Une fois que la protoétoile a avalé toute la matière de son voisinage immédiat, sa croissance cesse et elle se contracte à nouveau. Elle finit par devenir suffisamment compacte pour amorcer la fusion de l'hydrogène dans son cœur dense : elle est devenue étoile. Pour une étoile de la taille du Soleil, ce processus dure 100 000 ans. Une fois qu'elle est soumise à la fusion, l'étoile acquiert une température et une couleur qui la situent sur la séquence principale où elle va évoluer en suivant les règles de la physique.

Il est difficile d'observer des étoiles en formation : elles luisent faiblement et sont profondément enfouies dans les nuages moléculaires. Il faut observer dans l'infrarouge ou au-delà pour voir leur lueur, occultée par la poussière. On a pu observer des disques autour d'étoiles massives dans la nébuleuse d'Orion à l'aide du télescope spatial Hubble. D'autres observations faites avec des télescopes de 10 mètres ont révélé des disques semblables autour de jeunes étoiles individuelles, ce qui a confirmé que de tels disques sont communs. Mais on se demande toujours si de tels disques évoluent pour former des planètes, à l'instar de notre système solaire.

L'observatoire spatial Herschel

L'observatoire spatial Herschel, de l'Agence spatiale européenne, lancé en 2009, s'efforce de voir les étoiles en formation et les galaxies lointaines aux longueurs d'onde infrarouges. Possédant un miroir unique, grand pour un télescope spatial (3,5 m de diamètre), il enquête sur les objets froids et obscurcis par les poussières, qui sont invisibles aux autres télescopes. Herschel cible les premières galaxies, les nuages de gaz et de poussières où naissent les nouvelles étoiles, les disques à partir desquels les planètes se forment, ainsi que les comètes. Il a été nommé en hommage à William Herschel, qui identifia la lumière infrarouge en 1800.

Étoiles binaires Il est aussi difficile d'expliquer la formation d'étoiles jumelles dans les systèmes doubles où les deux tournent autour de leur centre de masse commun. Environ un tiers des étoiles de la Voie lactée font partie de paires : un tel taux est trop important pour provenir de la capture aléatoire d'étoiles errantes et signifie qu'il doit y avoir un mécanisme de formation des étoiles doubles. Les étoiles d'un amas pourraient s'être formées ensemble si elles se sont condensées à partir d'un même nuage, peut-être en même temps s'il a été altéré par un choc ou une perturbation qui aurait déclenché la concentration de masses. Une perturbation dans le nuage pourrait être l'explication la meilleure pour les paires isolées ou les paires multiples proches. Peut-être d'autres ont-elles tendance à quitter le système si se crée une configuration instable ou du fait de collisions.

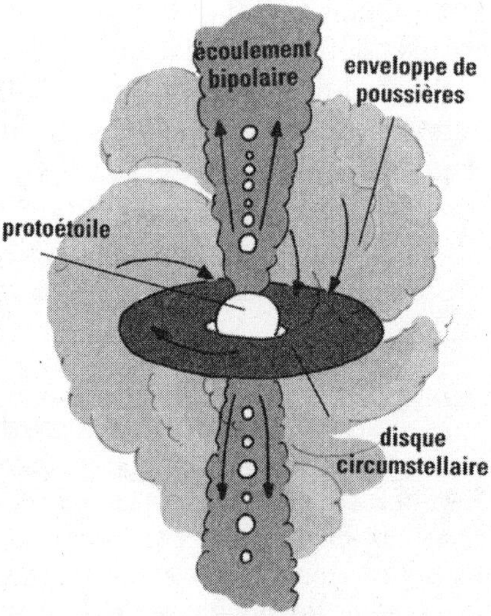

Le processus par lequel des étoiles massives sont créées est un autre mystère : elles devraient être bien plus brillantes que les protoétoiles de faible masse et on s'attendrait à ce qu'elles cessent de s'effondrer rapidement, ne parvenant pas à s'allumer. Mais, d'un autre côté, elles doivent se former facilement parce qu'on en trouve beaucoup, en particulier là où la formation de nouvelles étoiles est énergique, par exemple après une collision galactique. Peut-être sont-elles efficaces pour canaliser de la matière vers elles à l'aide d'un disque et en dissipant de l'énergie par des écoulements et des jets.

Un nuage moléculaire donné pourrait produire des étoiles avec toute une gamme de masses différentes. Chaque étoile évoluant différemment, en fonction de sa masse, les étoiles d'une telle population finissent par être très différentes. Pour les astronomes qui tentent de comprendre comment les galaxies se forment et évoluent, les statistiques sur la formation des étoiles nous donnent une idée de l'apparence de la galaxie tout entière.

18

Morts d'étoiles

idée clé
BOUQUET FINAL

Quand les étoiles ont épuisé leur combustible nucléaire, elles s'éteignent. L'équilibre entre gravité et pression qui les a fait vivre pendant des millions ou des milliards d'années est rompu. Pendant que leur moteur de fusion défaille, elles enflent et se dépouillent de leurs couches externes. Leur cœur s'effondre en une boule compacte, abandonnant une étoile à neutrons, une naine blanche ou un trou noir. Il arrive que l'étoile soit tellement déstabilisée qu'elle explose en supernova.

La majorité des étoiles brillent pendant la plus grande partie de leur vie en réalisant la fusion de noyaux d'hydrogène en noyaux d'hélium. Ce faisant, elles acquièrent couleur et luminosité caractéristiques de leur masse. Une étoile du type du Soleil brille en jaune et se tient au milieu de la séquence principale, une relation entre luminosité et nuance adoptée par la plupart des étoiles. Elles restent ainsi pendant des millions d'années, brillant et ne gonflant qu'un peu avec l'âge.

Mais elles finissent par épuiser la réserve d'hydrogène de leur cœur. Contrairement à ce que suggère l'intuition, ce sont les étoiles les plus massives à qui cela arrive en premier; leur cœur subit des pressions et des températures bien plus grandes, aussi brillent-elles si vivement que les réactions nucléaires qui les font vivre se déroulent à un rythme rapide: elles transforment leur hydrogène en millions d'années. Au contraire, les étoiles de masse moindre brûlent bien plus lentement et il leur faut des milliards d'années pour consommer leur carburant primaire.

Phases ultimes Quand les réactions de fusion faiblissent au centre, le cœur riche en hélium de l'étoile se contracte et l'étoile s'échauffe à mesure qu'est dissipée l'énergie potentielle de gravitation. Les couches situées juste au-dessus du cœur commencent à subir elles-mêmes la fusion de l'hydrogène et évacuent l'hélium qu'elles ont créé vers le cœur. Celui-ci devient si dense et chaud – atteignant 100 millions de degrés – qu'il commence à brûler son hélium, déclenchant un « flash d'hélium » brillant tandis que se réamorce la fusion. La fusion des noyaux d'hélium produit du carbone-12 à travers un ensemble de réactions, mais aussi de l'oxygène-16 à travers un autre. C'est là l'origine d'une grande partie du carbone et de l'oxygène qui nous entourent. Les étoiles comme le Soleil peuvent continuer à brûler de l'hélium pendant environ 100 millions d'années.

Lorsque l'hélium est épuisé, un changement de vitesse semblable peut se produire, l'étoile brûlant alors dans son cœur l'élément suivant, le carbone, pendant que l'hélium et l'hydrogène sont brûlés dans des couches de plus en plus élevées. Mais la fusion du carbone demande des températures et des pressions encore plus importantes. Seules les étoiles les plus grosses, celles qui dépassent huit masses solaires, sont capables de connaître cette phase durant laquelle elles deviennent très lumineuses et gonflées. Les plus massives continuent en brûlant l'oxygène, le silicium et le soufre pour finir par atteindre le fer.

Pour les étoiles les plus légères – de moins de huit masses solaires –, les choses s'interrompent lorsque l'hydrogène est épuisé. Pendant que le cœur se contracte, il y a toujours des réactions impliquant hydrogène et hélium dans les couches du dessus, ce qui apporte provisoirement du carburant au cœur de l'étoile. L'étoile passe par une série de flashs brillants à chaque fois que la fusion s'enclenche ou s'interrompt. Pendant que de l'hélium est déposé au centre, les couches externes se distendent puis se détachent. En s'étendant, le gaz qu'elles contenaient refroidit et ne peut pas être le siège de réactions de fusion. L'étoile commence ainsi à être ensevelie sous des couches de gaz diffuses. Ces bulles sont connues sous le nom de nébuleuses planétaires parce qu'avec la distance leurs voiles circulaires furent pris pour des planètes. Mais les nébuleuses planétaires ne subsistent pas bien longtemps : elles se dissipent en à peu près 2 000 ans. On en connaît quelque 1 500 dans notre galaxie.

La supernova de Tycho

Début novembre 1572, une nouvelle étoile apparut dans le ciel boréal, dans la constellation de Cassiopée. Surveillée par l'astronome de la cour du Danemark Tycho Brahé et par bien d'autres, ce fut une des plus importantes observations de l'histoire de l'astronomie : elle montra que le ciel évoluait.

Elle mena aussi à des progrès dans la précision de la mesure de la position des objets astronomiques. La coquille résiduelle de la supernova ne fut découverte qu'en 1952 en contrepartie optique dans les années 1960. En 2004, une étoile compagnon de celle qui avait explosé a été discernée.

Le cœur serré Une fois l'étoile dépouillée de ses couches extérieures, son cœur subsiste. Composé essentiellement de carbone et d'oxygène – tout le reste ayant brûlé ou s'étant envolé – le cœur dense et chaud s'étiole pour devenir une naine blanche. La pression vers l'extérieur due au rayonnement faisant défaut, la matière du cœur s'effondre en une sphère très dense, très compacte – l'équivalent de la masse du Soleil contenue dans une boule dont le rayon est de l'ordre de celui de la Terre. Cela conduit à une densité d'un million de fois celle de l'eau. Si les naines blanches ne deviennent pas des trous noirs, c'est seulement parce que leurs atomes ne peuvent pas être broyés, à cause de la pression quantique des électrons. Une naine blanche reste très chaude : entre

4000 K et 40000 K en surface pour la plupart. Cette chaleur ne peut pas être évacuée rapidement puisqu'elles n'offrent qu'une petite surface : elles peuvent donc survivre des milliards d'années.

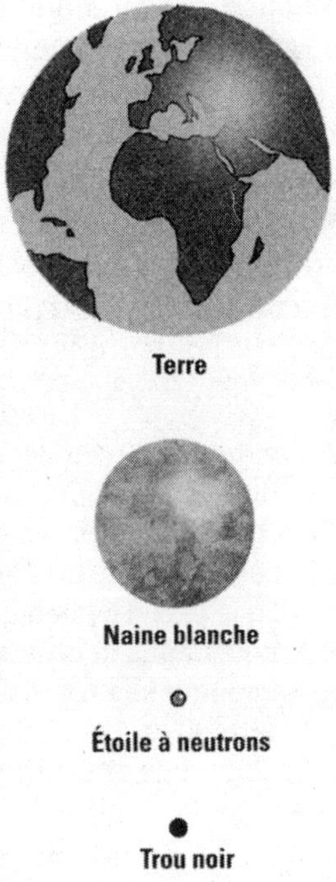

Des étoiles plus massives peuvent être comprimées davantage. Si le rémanent dépasse 1,4 masse solaire (après la perte des couches externes), la pression des électrons est insuffisante pour vaincre la gravité et l'effondrement va jusqu'à donner une étoile à neutrons. Cette limite de 1,4 masse solaire est appelée la limite de Chandrasekhar, du nom de l'astrophysicien indien Subrahmanyan Chandrasekhar (1910-1995). Les étoiles à neutrons sont confinées dans un rayon d'à peu près 10 kilomètres, écrasant toute une masse solaire, ou plusieurs, dans une région de la taille de Paris du nord au sud. Elles sont si denses qu'un bout de la taille d'un morceau de sucre pèserait plus de 100 millions de tonnes ! Enfin, avec une gravité plus grande encore comme dans le cas des étoiles les plus grosses, l'effondrement finit par produire un trou noir.

Supernovae Quand des étoiles très massives – des dizaines de fois la taille du Soleil – meurent, elles peuvent exploser : ce sont les supernovae. Après avoir brûlé hydrogène et hélium, ces étoiles peuvent traverser une série de phases de réactions de fusion, passant d'un élément à un élément plus lourd jusqu'à finir par produire du fer. Le noyau de ce dernier a ceci de particulier qu'il est le plus stable de toute la classification périodique. C'est pourquoi, quand il est atteint, la fusion ne peut continuer à évacuer son énergie en construisant des éléments plus lourds. À ce stade, l'énergie est absorbée plutôt qu'émise et le cœur de l'étoile implose, passant par l'étape d'une naine blanche maintenue par la pression électronique pour finir comme étoile à neutrons. Mais les couches externes, en tombant sur ce noyau dur, rebondissent en une explosion de particules (des neutrinos) et de lumière.

« Les supernovae que nous ne voyons pas à cause de nuages de poussières peuvent se produire dans notre galaxie aussi souvent qu'une fois tous les dix ans et nous fournir un moyen d'étudier les neutrinos qui en jaillissent. »
John N. Bahcall, 1987

En quelques secondes, une supernova libère plus d'énergie que le Soleil ne l'aura fait pendant toute sa durée de vie. La supernova est si brillante qu'elle éclipse brièvement toutes les autres étoiles de sa galaxie, restant visible des jours ou des semaines avant de disparaître.

Les supernovae sont surtout de deux sortes, de types I et II. Les étoiles massives sont à l'origine des supernovae de type II. On les trouve généralement dans les bras des galaxies spirales, apparaissant à un rythme moyen d'une tous les 25 à 50 ans. Elles présentent de fortes raies d'émission de l'hydrogène du fait de la perte des couches externes de gaz. La dernière étoile à avoir fini ainsi dans notre galaxie a été observée par Kepler en 1604. Les supernovae de type I ne présentent pas de raies d'émission de l'hydrogène et on les rencontre dans les galaxies elliptiques comme spirales. On pense leur origine différente : elles viendraient d'explosions thermonucléaires dans des systèmes binaires qui se produiraient quand une naine blanche franchit la limite de Chandrasekhar de 1,4 masse solaire en agrégeant de la matière provenant de son compagnon.

Les supernovae de type I ont une sous-classe très importante, dites de type Ia, dont la luminosité est prévisible à partir de leur explosion. De la façon dont elles s'illuminent puis s'éteignent on peut déduire leur luminosité intrinsèque, ce qui en fait des jalons commodes dans les mesures de distances (voir page 54). Comme elles éclipsent tout le reste de leur galaxie hôte, on peut les repérer dans tout l'Univers jusqu'à d'importants décalages vers le rouge. Les supernovae ont été utilisées pour établir la présence d'énergie noire.

Dans la mort des étoiles massives, des noyaux de fer sont mis en pièces et de nombreux neutrons sont produits. Ils peuvent servir à fabriquer d'autres éléments, plus lourds que le fer, comme le plomb, l'or et l'uranium. Tous ces éléments présents sur Terre ont donc pour origine des supernovae. En dehors des produits synthétiques, le tableau périodique est l'œuvre de ce qui se passe dans les étoiles.

19

Pulsars

idée clé
LES PHARES DU COSMOS

Les pulsars sont des étoiles à neutrons en rotation qui émettent des faisceaux d'ondes radio. Ce sont les rémanents compacts et denses d'étoiles massives qui tournent très vite : une révolution en quelques secondes. Leurs signaux réguliers – dont on a pu penser qu'il s'agissait d'un code Morse extraterrestre – en font des horloges précises qui jouent un rôle important dans les vérifications de la Relativité générale et la détection d'ondes gravitationnelles.

En 1967, deux radioastronomes britanniques captèrent un signal cosmique qu'ils ne pouvaient expliquer. Leur radiotélescope était grossier mais n'en constituait pas moins une percée pour la science : il consistait en 200 kilomètres de fil et 2 000 capteurs tendus sur 1 000 poteaux de bois, comme un séchoir à linge géant étendu sur deux hectares dans le Cambridgeshire. Quand il a commencé à scruter le ciel en juillet de cette année-là, son traceur produisait 30 mètres de courbe par jour. Jocelyn Bell, une doctorante travaillant avec le physicien Tony Hewish, fouillait ses graphiques à la recherche de quasars qui scintillaient à cause des turbulences de notre atmosphère. Mais c'est quelque chose de différent qu'elle avait trouvé.

Après deux mois d'observations, Bell remarqua une zone d'agitation dans les données : elle ne ressemblait à rien d'autre et provenait d'un endroit précis du ciel. En y regardant de plus près, elle vit que ce signal était éclaté en une série régulière d'impulsions radio apparaissant toutes les 1,3 seconde. Bell et Hewish s'efforcèrent de déterminer d'où provenait ce mystérieux signal. Bien que sa régularité d'horloge suggérât une origine humaine, ils ne parvenaient pas à identifier une telle émission. Cela ne ressemblait à aucune étoile ou quasar connus.

Petits hommes verts? Les scientifiques se demandèrent un instant s'il ne s'agissait pas d'une possibilité saugrenue : cela pourrait-il être une communication extraterrestre? Ils pensaient qu'il était peu probable qu'il s'agisse d'un code Morse extraterrestre mais Bell se rappelle avoir été ennuyée que ses études soient ainsi dérangées : « J'essayais d'obtenir mon doctorat en travaillant sur une nouvelle technique et une bande de stupides petits hommes verts avaient choisi ma zone et mes fréquences pour communiquer avec nous ! ».
Les astronomes se gardèrent de publier et approfondirent leurs observations.

Bell découvrit bientôt une seconde source de pulsations – un pulsar double – avec une période de 1,2 seconde. En janvier 1968, elle et Hewish avaient identifié quatre sources de ce type. « Il était peu vraisemblable que deux bandes de petits hommes verts choisissent toutes les deux une identique et improbable fréquence, au même moment, pour tenter de se signaler à la planète Terre », remarque Bell. Confortés dans le fait qu'ils avaient découvert un nouveau phénomène astronomique, Bell et Hewish publièrent leur trouvaille dans la revue *Nature*.

Étoiles à neutrons Les astronomes se précipitèrent pour expliquer ce que Bell et Hewish avaient découvert. Fred Hoyle, professeur d'astronomie à Cambridge, pensait qu'il était possible que les impulsions proviennent d'une étoile à neutrons, reste de l'explosion d'une supernova. Quelques mois plus tard, Thomas Gold, de la Cornell University, présenta une explication plus achevée : si l'étoile à neutrons était en rotation, un faisceau d'ondes radio pourrait balayer la zone d'observation d'un télescope à chaque rotation, tout comme la rotation de la lampe d'un phare donne l'impression qu'elle clignote.

Néanmoins, qu'une étoile à neutrons puisse tourner sur elle-même en une seconde était quelque chose d'impressionnant. Gold affirmait que c'était possible dans la mesure où les étoiles à neutrons sont vraiment petites : seulement dix kilomètres de diamètre. Juste après l'explosion d'une supernova, leur contraction rapide entraînerait leur rotation très rapide de la même façon qu'un patineur sur glace tourne de plus en plus vite sur lui-même quand il ramène ses bras. Les étoiles à neutrons présentent aussi de très puissants champs magnétiques. Ce sont eux qui créent les faisceaux jumeaux d'ondes radio émanant de côtés opposés de l'étoile. Tandis que l'étoile tourne, le faisceau balaye des cercles dans le ciel, donnant l'impression de flashs clignotants quand ils passent devant la Terre. Gold prédit ensuite que les pulsars devraient ralentir graduellement, à mesure qu'ils perdent de l'énergie : et, en effet, la vitesse de rotation des pulsars décroît d'environ un millionième de seconde par an.

Polémiques sur des prix Nobel

La découverte des pulsars a donné lieu à l'attribution de prix Nobel. Tony Hewish fut lauréat, en 1974, avec le professeur de radioastronomie Martin Ryle. De façon discutable, Jocelyn Bell ne fit pas partie du groupe malgré le fait que ce sont ses recherches de thèses qui permirent la découverte du premier pulsar. En 1993, Joe Taylor et Russell Hulse furent aussi honorés d'un prix Nobel pour leur découverte du premier système binaire de pulsars.

Ondes gravitationnelles On trouva des centaines d'autres pulsars ce qui conduisit à de remarquables découvertes ultérieures. En 1974, les astronomes américains Joe Taylor et Russell Hulse découvrirent un pulsar binaire : un pulsar tournant très vite sur lui-même en même temps qu'autour d'une autre étoile à neutrons toutes les huit heures. Le système était très bien adapté à des vérifications de la Relativité générale d'Einstein. Les deux étoiles à neutrons étant très denses, compactes et proches l'une de l'autre, leurs champs de gravité sont extrêmement intenses et nous donnent une vue nouvelle sur les courbures de l'espace-temps. Les théoriciens prédirent que la contraction des orbites des deux étoiles qui tournent l'une autour de l'autre faisait que le système devait dissiper de l'énergie en émettant des ondes gravitationnelles. En cherchant les modifications dans les rythmes et les orbites des pulsars, Hulse et Taylor montrèrent que la prédiction était correcte.

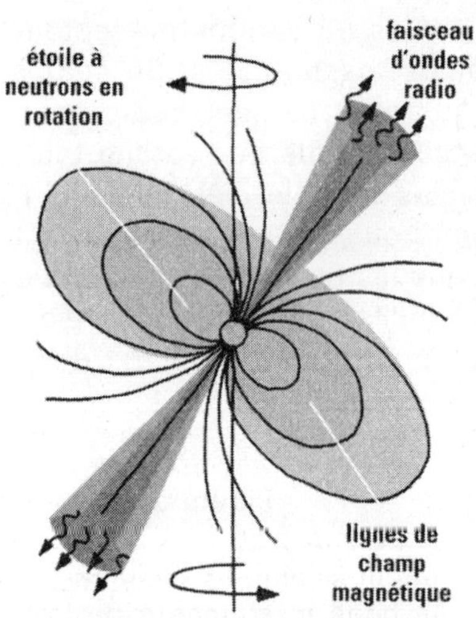

Les ondes gravitationnelles sont des contorsions dans le tissu de l'espace-temps qui se propagent comme des rides sur un étang. Les physiciens construisent des capteurs sur Terre capables de détecter la contraction de l'espace-temps qui est la signature du passage des ondes gravitationnelles, mais il s'agit d'observations extrêmement difficiles à réaliser. Tout ébranlement terrestre, depuis les secousses sismiques jusqu'aux vibrations ondulatoires des océans, peut perturber ces capteurs très sensibles. Dans le futur, des missions spatiales utiliseront plusieurs vaisseaux très éloignés les uns des autres et reliés par lasers qui seront capables de chercher les ondes gravitationnelles traversant notre système solaire.

Carte extraterrestre

Bien que les signaux en provenance des pulsars n'aient pas été envoyés par des extraterrestres, les pulsars ont été mis en vedette sur les deux plaques fixées aux vaisseaux spatiaux Pioneer et sur le *Voyager Golden Record* des sondes Voyager. Sur ces artefacts, qui indiquent la présence d'une vie intelligente sur Terre à d'éventuelles civilisations galactiques qui pourraient les trouver un jour, la position de la Terre est repérée par rapport à 14 pulsars.

Les pulsars milliseconde En 1982, une nouvelle démesure du monde des pulsars a été découverte : un pulsar d'une période d'une milliseconde (un millième de seconde) a été découvert par le radioastronome américain Don Backer ; il tournait sur lui-même 641 fois par seconde. Il était remarquable qu'une étoile tournât si vite. Les astronomes pensent que cela se produit dans des systèmes binaires où l'étoile à neutrons voit sa vitesse de rotation accélérée comme une toupie pendant qu'elle accrète de la matière en provenance de son compagnon. Les pulsars milliseconde sont des horloges très précises : les astronomes tentent de s'en servir pour détecter directement des ondes gravitationnelles qui passeraient devant un ensemble de telles étoiles. Les pulsars sont vraiment de bons instruments de la boîte à outils de l'astronome.

Les pulsars seront un des principaux objectifs visés par le radiotélescope de nouvelle génération, le Square Kilometre Array (SKA), un gigantesque ensemble d'antennes liées qui débutera son travail d'observation dans la prochaine décennie. La découverte de dizaines de milliers de pulsars, en particulier la plupart de ceux de la Voie lactée, permettra aux radioastronomes de tester la Relativité générale et d'en savoir davantage sur les ondes gravitationnelles.

Tremblements d'étoiles

Quand la croûte d'une étoile à neutrons très dense se craquèle brusquement, un «tremblement d'étoile» s'ensuit, l'analogue de nos tremblements de terre. Sous l'effet des violents réarrangements de sa croûte rigide, la vitesse de rotation de l'étoile à neutrons varie brutalement. On a remarqué de tels tremblements par des baisses soudaines – des pannes – dans la vitesse de rotation des pulsars. Les grands tremblements d'étoiles peuvent aussi déclencher des jaillissements de rayons gamma depuis les pulsars qui peuvent être captés par nos satellites, en particulier le télescope Fermi de la NASA.

20

Le Soleil

idée clé
L'ÉTOILE LA PLUS PROCHE DE NOUS

L'étoile la plus proche de nous, le Soleil, ne nous a pas livré tous ses secrets. Alors qu'il nous a dévoilé une grande partie du processus de fusion nucléaire et de la structure des étoiles, sa météo magnétique peut se révéler imprévisible. Le Soleil suit un cycle de 11 ans d'activités ; il est sujet à des embrasements erratiques et des émissions de vent solaire. Cela peut créer de splendides aurores boréales sur Terre, perturber nos systèmes de communications électroniques et affecter notre climat.

Les Grecs de l'Antiquité savaient que le Soleil était une gigantesque boule de feu située loin de la Terre. Mais ce n'est qu'aux XVIe et XVIIe siècles qu'on a démontré que c'est la Terre qui tourne autour du Soleil et non le contraire. L'arrivée de la lunette astronomique au XVIIe siècle a révélé des taches sombres se déplaçant à la surface du Soleil. Galilée les observa et se rendit compte qu'il s'agissait de tempêtes en surface et non de nuages ayant surgi. Au XIXe siècle, on a établi la composition chimique du Soleil en identifiant les raies d'absorption sombres de son spectre – les raies de

Fraunhofer. Mais ce n'est qu'au XXe siècle, quand la physique atomique a été développée, qu'on a compris ce qui fait fonctionner le Soleil : les réactions de fusion nucléaire.

Le Soleil contient l'essentiel de la masse du système solaire (99,9 %) dans une boule dont le diamètre fait à peu près 100 fois celui de la Terre. Il est éloigné de nous d'environ 150 millions de kilomètres et sa lumière met huit minutes à nous parvenir. Approximativement, les trois quarts de sa masse sont constitués d'hydrogène, le reste d'hélium avec de petites quantités d'éléments plus lourds : oxygène, carbone, néon et fer. Son énergie provient de la fusion en son cœur de l'hydrogène en hélium. Avec une température en surface de 5 800 K, le Soleil est une étoile jaune de classe G2, de luminosité moyenne pour une étoile de la séquence principale. Il est enfin à peu près à mi-chemin des 10 milliards d'années de sa durée de vie.

La structure du Soleil C'est un peu celle d'un oignon. Son cœur, dont le rayon est le quart du rayon solaire, est brûlant et dense. C'est là que se produit la fusion, libérant à chaque seconde une énergie équivalent à la consommation de quatre millions de tonnes de gaz ; ou à l'explosion, toujours à chaque seconde, de dizaines de milliards de mégatonnes de TNT. La température y atteint un brûlant 14 millions de kelvins… La couche suivante est la zone de radiation, qui se trouve entre 0,25 et 0,7 rayon solaire. L'énergie produite dans le cœur traverse cette zone comme rayonnement électromagnétique, c'est-à-dire sous forme de photons. La température y décroît vers l'extérieur, de 7 à 2 millions de kelvins.

« La Terre, dans son mouvement rapide autour du Soleil, possède un tel degré de force vitale que, si on convertissait cette dernière en chaleur, sa température deviendrait au moins mille fois plus grande que celle du fer rouge et le globe sur lequel nous marchons brillerait, selon toute probabilité, autant que le Soleil lui-même. »

James Prescott Joule

Au-dessus de la zone de radiation on trouve celle de convection, représentant les 30 % restants du rayon, jusqu'à la surface. La chaleur qui y monte depuis les couches inférieures fait que les gaz grimpent en bouillonnant jusqu'à la surface avant de replonger vers le bas, circulant comme de l'eau bouillante dans une casserole. La chaleur est rapidement évacuée de cette zone et la température à la surface tombe à 5800 K. Une mince couche, la photosphère, enrobe le Soleil. Elle ne fait guère qu'une centaine de kilomètres d'épaisseur.

Des gaz raréfiés forment, au-dessus de la surface, l'atmosphère solaire, qu'on peut voir lors d'une éclipse totale de Soleil. Elle comporte cinq parties : une couche froide de 500 km d'épaisseur, la plus froide de la zone ; la chromosphère, une partie chaude et ionisée de 2000 km d'épaisseur ; une zone de transition de 200 km d'épaisseur ; la vaste couronne qui s'étire loin du Soleil, produit le vent solaire et est brûlante, atteignant des millions de degrés ; et l'héliosphère, une bulle façonnée par le vent solaire et dont le rayon vaut cent fois la distance Terre-Soleil. En 2004, la sonde Voyager I en a franchi la limite – le « choc terminal » – pour pénétrer dans l'héliogaine, une région de transition turbulente où les vents solaires ont été considérablement ralentis au passage du choc terminal. Les chercheurs estiment que Voyager I franchira en 2014 la limite extérieure de l'héliogaine, l'héliopause, pour pénétrer dans l'espace interstellaire.

Météo de l'espace Le Soleil possède un puissant champ magnétique. Il change de sens tous les onze ans – indiquant le cycle solaire – et subit aussi des changements continuels. Augmentation du nombre des taches solaires, éruptions et jets de vent solaire se produisent quand le champ magnétique du Soleil est particulièrement actif. De telles explosions peuvent lancer à toute vitesse dans le système solaire des nuages de particules. Quand ils atteignent la Terre, ils sont canalisés par le champ magnétique propre de la Terre vers des zones de latitude élevée où ils se manifestent par de délicates lueurs connues sous le nom d'aurores boréales et australes. Ces puissantes éruptions de particules peuvent être destructives :

au Canada, dans la province de Québec, en 1989, elles ont mis hors service les télécommunications et le réseau électrique.

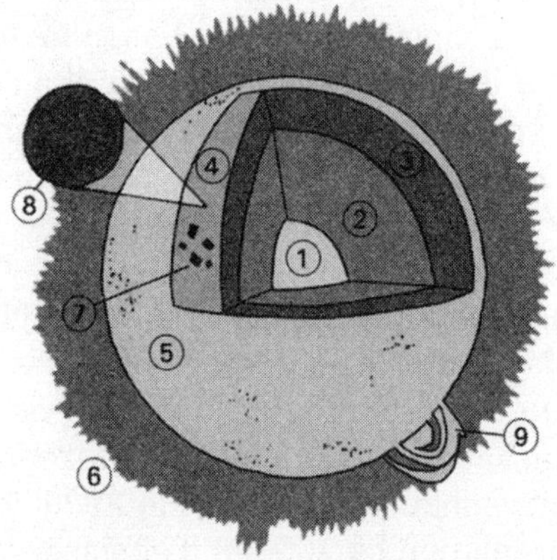

1 - Cœur ; 2 - Zone de radiation ; 3 - Zone de convection ; 4 - Photosphère ; 5 - Chromosphère ; 6 - Couronne ; 7 - Tâches solaires ; 8 - Granules ; 9 - Protubérances

Les taches solaires sont les tourbillons d'un puissant champ magnétique qui se manifeste à la surface du Soleil. Atteignant des milliers de kilomètres de part en part, ils apparaissent sombres parce qu'ils sont plus froids que les gaz brûlants qui les entourent. Le nombre de taches solaires augmente quand l'activité magnétique est maximale, fluctuant tous les 11 ans ou à peu près. Des cycles solaires inhabituels peuvent affecter le climat de la Terre : le « petit âge glaciaire » qui a gelé l'Europe au XVIIe siècle a coïncidé avec l'arrêt, pendant plusieurs décennies, du cycle solaire. Un petit nombre de taches solaires furent observées durant toute cette période. Dans les années qui ont immédiatement précédé 2010, le Soleil a connu une phase de tranquillité : sa luminosité a légèrement baissé, de même que son champ magnétique, et le nombre de taches solaires ainsi que l'intensité du vent solaire sont, en moyenne, moins grands.

Genesis

Seules les couches externes du Soleil absorbent la lumière : la chimie de l'intérieur est donc à peine connue. Une capsule spatiale, Genesis, a collecté des particules du vent solaire pour en déterminer la composition. En 2004, elle revint sur Terre avec, à son bord, les échantillons prélevés. Son parachute n'a pas fonctionné et la capsule s'est écrasée dans le désert du Nevada. Malgré cela, les astronomes ont pu assembler les débris de ses capteurs et analyser les particules provenant du Soleil.

Mystères Le Soleil est un bon laboratoire pour travailler sur la physique des étoiles. Bien que nous connaissions beaucoup de choses sur son fonctionnement, il reste toujours pas mal de mystères. L'un d'eux, qui a été récemment résolu, portait sur l'énigme des neutrinos solaires manquants. La fusion nucléaire de l'hydrogène en hélium a pour sous-produit des particules appelées neutrinos. Le Soleil devrait en créer en très grand nombre mais les physiciens ne pouvaient en voir que moins de la moitié du nombre attendu. Où était donc le reste ? Les neutrinos sont difficiles à détecter parce qu'ils interagissent très peu avec la matière. En 2001, le Sudbury Neutrino Observatory, au Canada, a fourni la réponse : la raison de cette insuffisance de neutrinos est qu'ils se transforment en d'autres types de neutrinos pendant leur voyage depuis le Soleil. Les physiciens ont détecté ces autres types de neutrinos (les neutrinos tau et mu) et ont démontré que les neutrinos « oscillaient » entre ces types ; ils ont aussi montré que, pour petite qu'elle soit, ils ont une masse – on pensait au contraire jusque-là qu'ils en étaient dépourvus. Le problème du manque de neutrinos était résolu.

« Tu m'appris à nommer la grande et la petite lumières qui brûlent le jour et la nuit. »
William Shakespeare

Un deuxième mystère solaire subsiste : le mécanisme par lequel la couronne solaire est chauffée à des millions de degrés. La photosphère n'est qu'à 5 800 K et la couronne n'est donc pas chauffée par des rayonnements provenant de la surface. La meilleure hypothèse jusqu'ici est que l'énergie magnétique envahit le plasma de la couronne. Cela se produit quand les lignes du champ magnétique se cassent net par l'intermédiaire d'éruptions et d'ondes magnétiques qui traversent le gaz.

Le destin du Soleil Le Soleil est vieux d'environ 4,5 milliards d'années et est à peu près à la moitié de sa vie. Dans 5 milliards d'années, tout l'hydrogène présent dans son cœur, son combustible, aura été épuisé. Il gonflera pour devenir une géante rouge. Ses couches externes boursouflées parviendront au-delà de l'orbite de la Terre : son rayon sera 250 fois plus grand que l'actuel. Même si le Soleil, en perdant une partie de sa masse, relâchera son étreinte sur les planètes qui pourront dériver vers des orbites plus lointaines, la Terre ne sera pas épargnée. L'eau des océans se sera évaporée et notre atmosphère se sera envolée. Même maintenant, le Soleil gagne en luminosité : environ 10 % par milliard d'années. La vie sur Terre pourrait donc s'éteindre d'ici un milliard d'années. Le Soleil finira ses jours comme naine blanche, après avoir perdu ses couches de gaz, pour apparaître quelque temps comme une nébuleuse planétaire. Seul le cœur restera.

21

Formation du système solaire

idée clé
BILLARDS COSMIQUES

Le Soleil s'est constitué à partir d'un nuage gazeux géant il y a 4,5 milliards d'années. Comme d'autres étoiles qui se forment par condensation à partir de nuages moléculaires, le Soleil est issu d'un effondrement gravitationnel d'une mer d'hydrogène, d'hélium et de traces d'autres éléments. Les planètes viennent des débris abandonnés. Agrégats et collisions ont fixé taille et position dans un jeu de billard cosmique.

Quand le modèle héliocentrique a fini par être reconnu au XVIIIe siècle, les questions sur l'origine du système solaire ont commencé à se poser. L'idée que le Soleil et les planètes formaient un nuage de gaz géant – l'hypothèse de la nébuleuse – a été mise en avant par Emanuel Swedenborg en 1734, puis développée par Emmanuel Kant et Pierre-Simon de Laplace. Quoique vraie dans ses grandes lignes, l'hypothèse a été largement développée depuis lors. Comme d'autres étoiles se sont formées à partir de nuages moléculaires, telle la nébuleuse d'Orion, le Soleil a dû se condenser à partir d'un nuage riche en hydrogène, en hélium et avec des traces d'autres éléments.

La nébuleuse pré-solaire se serait ainsi étendue sur de nombreuses années-lumière et aurait contenu suffisamment de gaz pour pouvoir fabriquer des milliers d'étoiles. Le Soleil pourrait ne pas avoir été seul dans ce nuage – la présence de météorites contenant de grandes quantités d'isotopes lourds du fer (Fe-60) laisse penser que la nébuleuse avait été polluée par des rejets provenant d'une supernova proche. Le Soleil pourrait donc avoir grandi parmi d'autres étoiles qui, massives, auraient vécu brièvement et explosé avant la naissance du système solaire.

Le Soleil se développa peu à peu dans une région de surdensité du nuage créée par la gravité. Il mit 100 000 ans à devenir une protoétoile – une boule de gaz chaude et dense mais où la fusion ne s'est pas enclenchée. Il était entouré d'un disque circumstellaire de gaz et de poussières étendu sur plusieurs centaines de fois la distance de la Terre au Soleil. Après environ 50 millions d'années, la fusion s'enclencha et le Soleil devint une étoile de la séquence principale.

Une comète s'écrase

Entre le 16 et le 22 juillet 1994, la comète Shoemaker-Levy 9 s'est écrasée dans l'atmosphère de Jupiter. Il s'agit de la première collision observée de deux astres du système solaire. Elle a été suivie par la plupart des observatoires, tant sur Terre que dans l'espace. Alors que la comète s'approchait de Jupiter, son noyau se brisa en 21 morceaux au moins mesurant jusqu'à 2 km. Les astronomes ont regardé chaque morceau heurter l'atmosphère, déclenchant volutes et éclairs.

Formation de planètes Les planètes se sont formées à partir des débris recueillis dans le disque. Les poussières se sont regroupées pour former des objets mesurant plusieurs kilomètres ; les collisions ultérieures entre eux les ont agglutinés. Les embryons de planètes sont devenus de plus en plus gros. En même temps, les planètes en formation ont fait le ménage autour d'elles dans le disque.

Les régions intérieures du système solaire en formation étaient chaudes et il était impossible que des composés volatils comme l'eau s'y condensent. Les planètes telluriques, riches en métal, se sont formées, assises sur des corps chimiques à points de fusion élevés: composés du fer, du nickel et de l'aluminium, silicates – toutes les bases minérales des complexes ignés qu'on peut toujours voir sur Terre. Les planètes telluriques – Mercure, Vénus, la Terre et Mars – ont grossi régulièrement en agrégeant des corps plus petits. On pense que les planètes intérieures se sont formées plus loin du Soleil qu'elles ne le sont aujourd'hui et que leurs orbites se sont contractées alors que les planètes étaient ralenties par le frein opposé par le gaz restant dans le disque qui a fini par se dissiper.

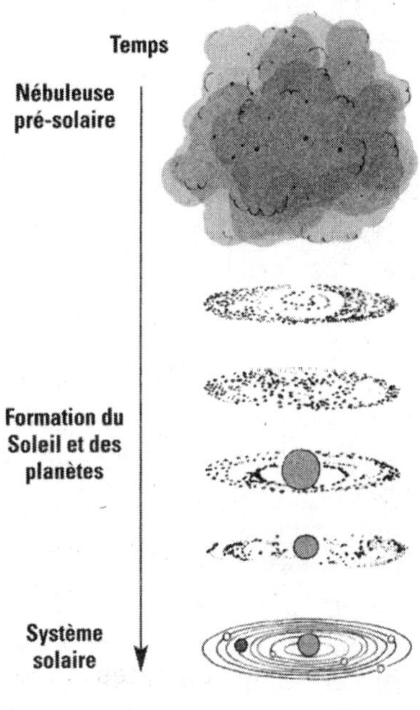

Les géantes gazeuses – Jupiter, Saturne, Uranus et Neptune – se sont formées plus loin, après la « ceinture de glace », là où les composés volatils restaient gelés. Ces planètes étaient assez grandes pour s'entourer d'une atmosphère d'hydrogène et d'hélium. À elles quatre, elles représentent 99 % de la masse de matière en orbite autour du Soleil. 10 millions d'années après, le jeune Soleil souffla le gaz résiduel du disque et les planètes cessèrent de croître.

On a pensé que les planètes s'étaient formées essentiellement où nous pouvons les voir aujourd'hui. C'est au XXe siècle que les astronomes se rendirent compte qu'il n'en était pas ainsi. Ils développèrent de nouvelles théories avançant que les planètes avaient en fait beaucoup bougé du fait de collisions – un jeu de billard cosmique.

Impacts géants Quand les planètes intérieures furent presque achevées, la zone était toujours encombrée par des centaines d'embryons planétaires de la taille de la Lune. Les chocs avec les planètes déjà constituées furent gigantesques. Nous sommes certains que de tels événements se produisirent : c'est au cours d'une de ces collisions que la Terre s'est entourée de la Lune. À l'occasion d'une autre, Mercure a perdu de nombreuses couches externes. La raison la plus probable de ces collisions est que les orbites des planètes étaient plus allongées qu'aujourd'hui ce qui les a fait souvent croiser le chemin d'objets plus petits. Depuis lors, les orbites se sont régularisées et sont devenues quasi circulaires, peut-être à travers ces collisions successives ou à cause du frein provoqué par des débris.

Les décombres de la ceinture d'astéroïdes, entre Mars et Jupiter, sont peut-être les restes d'une planète fracassée par de nombreuses collisions. La zone était particulièrement encline à perturbations du fait de l'attraction de Jupiter, la plus grosse planète du système solaire. Quand l'orbite de Jupiter s'est décalée, cela a provoqué une désorganisation sur une grande zone. Les résonnances orbitales ont bouleversé la région intérieure à son orbite. Les collisions qui s'en suivirent ont brisé la planète qui se trouvait là, ne laissant que les astéroïdes. Peut-être certains astéroïdes glacés ont-ils été précipités de là vers l'orbite de la Terre, fournissant de l'eau à notre jeune planète, eau qui a aussi pu nous venir des comètes.

Jupiter et les autres planètes extérieures se sont beaucoup déplacées au cours des dernières étapes de leur formation. Le disque protoplanétaire aurait été trop froid et trop diffus à la distance où se trouvent les planètes extérieures pour que se forment des objets suffisamment gros. Uranus, Neptune, les objets de la ceinture de Kuiper, en particulier Pluton et les comètes, ont dû se former plus près du Soleil et avoir été éjectés plus loin par des interactions gravitationnelles. Il se peut même que Neptune se soit formée à l'intérieur de l'orbite d'Uranus avant d'avoir été sortie en dehors. Une raison possible en est la danse orbitale entamée par Jupiter et Saturne 500 millions d'années après la formation du système solaire. Durant une certaine période, Jupiter a parcouru son orbite deux fois plus vite que Saturne la sienne, des phénomènes de marée engendrant des vibrations de résonance qui ont retenti dans tout le système solaire : Neptune a été repoussée et les petits corps glacés éparpillés dans la ceinture de Kuiper.

« Il a fallu moins d'une heure pour construire les atomes, quelques centaines de millions d'années pour bâtir étoiles et planètes mais cinq milliards d'années pour faire l'Homme ! »
George Gamow

Météorites

Les météorites sont faits de débris cosmiques, en particulier de la matière abandonnée par le système solaire primitif et les débris des planètes. Il y en a essentiellement de trois sortes. Celles riches en fer proviennent du cœur d'astéroïdes brisés ; les météorites pierreuses sont surtout composées de silicates ; enfin les météorites métallo-pierreuses sont un mélange des deux. Les minerais de ces rochers sombres contiennent des isotopes dont les quantités peuvent servir d'horloges cosmiques en calculant l'époque où ils se sont formés à partir du taux de leurs résidus radioactifs. En mettant toutes ces informations bout à bout, on peut établir la façon dont les constituants du système solaire se sont distribués et regroupés.

Bombardement tardif Pendant la période où les planètes extérieures ont été repoussées, de nombreux astéroïdes ont été précipités dans le système solaire interne. Les orbites des planètes telluriques étaient alors relativement en place après la fin des plus grosses collisions. Une période de « grand bombardement tardif » a suivi pendant laquelle de nombreux impacts de cratères se formèrent sur la Lune tandis que d'autres planètes furent balafrées. Ce n'est qu'après la fin de ce bombardement, il y a 3,7 milliards d'années, que les premiers signes de vie sont apparus sur Terre.

22

Lunes

idée clé
UN PETIT PAS

En dehors de Mercure et Vénus, toutes les planètes du système solaire ont une ou plusieurs lunes. La beauté de la nôtre a inspiré plus d'un poète mais imaginez l'intensité de la scène si nous voyions plus de cinquante globes dans nos cieux, comme c'est le cas sur Saturne ou Jupiter ! Les lunes peuvent s'installer de trois façons : *in situ*, à partir d'un disque de gaz et de débris entourant une planète ; par la capture d'un astéroïde qui passait non loin ; ou arraché à la planète à l'occasion d'un impact violent avec un autre corps. Il se peut que notre Lune ait été formée à travers une telle collision.

Les planètes extérieures géantes sont si grandes qu'elles retiennent en orbite les débris : Jupiter, Uranus et Neptune ont toutes des anneaux ; mais ceux de Saturne sont de loin les plus grands et ont été sondés depuis le XVIIe siècle, quand Galilée les a observés attentivement à la lunette. Des milliers d'anneaux entourent Saturne, à environ 300 000 km de la planète, tous dans un mince plan de seulement 1 km d'épaisseur. Les anneaux sont faits de milliards de morceaux de glace, allant de la taille d'un morceau de sucre à celle d'une maison.

Saturne possède plus de 50 lunes et chacune d'elle est unique. Titan, la plus grande, a été découverte en 1655 par l'astronome hollandais Christian Huygens. Elle possède une épaisse atmosphère orangée essentiellement composée d'azote. Japet paraît brillante d'un côté et sombre de l'autre, de la glace recouvrant la partie qui fait face à la matière des anneaux quand elle la traverse ; Mimas présente un énorme cratère sur une face, résultat d'une collision ancienne ; enfin Encelade est actif sous sa surface, éjectant des colonnes de vapeur d'eau depuis ses volcans de glace. Des dizaines de lunes plus petites ont été détectées, beaucoup ayant taillé des trous dans le système d'anneaux alors qu'elles se formaient par accrétion d'éclats de glace.

Les planètes intérieures sont trop petites pour avoir permis la formation de lunes à partir de débris d'anneaux : elles les ont capturées. On pense que les lunes de Mars – Déimos et Phobos – sont des astéroïdes capturés. Dans le cas de la Terre, la création de la Lune a été plus violente. On pense que, dans le système solaire primitif, alors que de nombreux objets suffisamment grands s'écrasaient sur des embryons planétaires en formation, un astéroïde s'est directement écrasé sur la Terre. La Lune serait le résultat de ce choc.

L'hypothèse de l'impact géant L'origine de la Lune est une préoccupation ancienne. Elle est revenue au premier plan dans les années 1970, à l'occasion du programme Apollo. Les astronautes rapportèrent des pierres et des informations géologiques ; ils installèrent des capteurs à la surface de la Lune pour déceler les signaux d'une activité sismique et des faisceaux laser pour déterminer avec précision sa distance à la Terre. Ils ont découvert que la Lune s'éloigne de la Terre à la vitesse de 38 mm par an et qu'elle a un cœur partiellement en fusion. La composition de la croûte lunaire est très similaire à celle des complexes ignés rocheux de la Terre.

« Ici, des hommes de la planète Terre posèrent le pied sur la Lune en juillet 1969 de notre ère. Nous sommes venus en paix au nom de l'Humanité. »
Plaque laissée sur la Lune, 1969

Pendant longtemps, les scientifiques ont cru que la Lune s'était formée en même temps que la Terre à partir d'une gouttelette de magma en fusion. Mais la petite taille du cœur de la Lune – 20 % de son rayon, à comparer avec les 50 % de celui de la Terre – laissait penser qu'il fallait trouver une autre explication : si la Lune s'était formée en même temps que la Terre, son cœur aurait dû être beaucoup plus gros. En 1975, William Hartmann et Donald Davis développèrent une autre hypothèse : un autre corps aurait été impliqué dans la création de la Lune à travers un impact quasi catastrophique.

Un astre de la taille de Mars, Théia, serait entré en collision avec la Terre à peu près de 50 millions d'années après la formation du système solaire, il y a environ 4,5 milliards d'années. L'impact aurait été si violent qu'il aurait quasiment fracassé la toute jeune Terre, la chaleur dégagée provoquant la fusion des couches supérieures des deux corps. Le lourd cœur en fer de Théia aurait rejoint celui de la Terre, le manteau et la croûte plus légère de la Terre étant projetés dans l'espace. C'est ce matériau qui s'assembla pour former la Lune.

L'hypothèse de l'impact géant explique pourquoi la Lune est si grande par rapport à la Terre tout en ayant un cœur si petit. La densité moyenne de la Lune plus basse (3,3 g/cm^3)

comparée à celle de la Terre (5,5 g/cm^3) vient de ce que la Lune a perdu, avec le fer, quelque chose de lourd. Les roches de la Lune ont exactement les mêmes taux des différents isotopes de l'oxygène (des versions radioactives plus lourdes de l'oxygène) que celles de la Terre, ce qui implique qu'elles se sont formées dans le même voisinage. Les roches martiennes ont été formées dans d'autres parties du système solaire et elles ont, au contraire, une composition très différente. Les simulations informatiques sur la mécanique de l'impact confirment que ce scénario est plausible.

Il y a des preuves supplémentaires du fait que la surface de la Lune a été en fusion, formant un océan de magma. Les minerais légers ont flotté à la surface de la Lune comme on s'y serait attendu s'ils avaient cristallisé en phase liquide. La surface s'est lentement refroidie, sa solidification prenant 100 millions d'années : cela est attesté par les quantités des différents isotopes radioactifs dont la durée de désintégration permet de mesurer l'âge des minéraux. Il y a aussi quelques incohérences : par rapport à la Terre, la Lune a des taux différents d'éléments volatils ; elle manque de fer. Allant dans le même sens, il n'y a aucun indice concernant Théia elle-même, sous la forme d'isotopes inhabituels ou de pierres inconnues qui resteraient. En fin de compte, il n'y a rien de flagrant.

Marées et rotation synchrone

La Lune présente la même face à nos regards chaque nuit. Cela est du au fait qu'elle tourne autour de la Terre dans le même temps que celui qu'il lui faut pour tourner sur son axe (environ 29 jours). Ce synchronisme est conséquence des marées. La gravité de la Lune déforme la surface fluide de la Terre, faisant dessiner aux océans un renflement dans la direction du satellite de même que sur le côté qui lui est opposé. Ces renflements sont, lorsqu'ils se forment, responsables des marées, qui sont modifiées quand la Lune tourne autour de la Terre. Mais ils agissent aussi comme des régulateurs de la Lune : si la planète et la Lune tournent à des vitesses différentes, l'effet gravitationnel du renflement ramènera la Lune au bon rythme.

Différenciation Tandis que la Lune refroidissait, les minerais cristallisaient à partir de l'océan de magma et prenaient place en profondeur conformément à leur poids. L'astre s'est différencié et a formé une croûte légère, un manteau intermédiaire et un cœur lourd. La croûte ne fait que 50 km d'épaisseur ; elle est riche en minerais légers, particulièrement le plagioclase (un feldspath qu'on trouve dans le granit). Elle est composée à 45 % d'oxygène et 20 % de silicium, le reste étant fait de métaux, en particulier de fer, d'aluminium, de magnésium et de calcium. Le cœur est petit, confiné dans un rayon de 350 km ou moins. Il est probablement en partie en fusion, riche en fer et en d'autres métaux.

« Et, depuis ma fenêtre, à la lueur de la Lune
ou des étoiles amies, je peux voir, à l'entrée
de la chapelle la statue de Newton tenant son prisme,
silencieux, reflet de marbre d'un esprit voyageant
pour toujours dans les étranges mers
de la pensée, seul. »
William Wordsworth

Entre les deux, il y a le manteau, qui déclenche des tremblements de lune tandis qu'il est déformé par les forces de marée. Nous pensons qu'il est aujourd'hui solide mais, au cours de la vie de la Lune, il a été en fusion, engendrant un volcanisme jusqu'il y a un milliard d'années. La surface de la Lune porte les cicatrices de nombreux cratères d'impact qui ont dispersé pierres et poussières à sa surface, sur une couche appelée régolithe.

Eau La surface de la Lune est aride mais la chute occasionnelle de comètes ou de corps glacés a pu y apporter de l'eau. L'étude de la Lune comme celle des transferts de matière dans le système solaire rendent important le fait de savoir s'il y a de l'eau sur la Lune ou pas. L'eau s'évaporerait très vite à la lumière directe du Soleil mais certaines parties de la Lune restent en permanence à l'ombre, en particulier sur les parois des cratères situés près des pôles. Les physiciens pensent que de l'eau gelée pourrait subsister dans ces endroits sombres.

De nombreux satellites ont scruté la surface de la Lune avec des résultats mitigés. Les satellites Clementine et Lunar Prospector ont repéré, à la fin des années 1990, de l'eau gelée aux pôles mais les observations radio depuis la Terre n'ont pas réussi à le confirmer. Des missions récentes – la LCROSS (*Lunar Crater Observation and Sensing Satellite*) de la NASA, qui a lancé un projectile à la surface tandis que les instruments de bord analysaient la lumière issue de la matière projetée par l'impact ; ou la mission indienne Chandrayaan – ont affirmé avoir trouvé de l'eau dans l'ombre des cratères. Ainsi, les astronautes du futur pourront trouver de quoi boire à la surface desséchée de la Lune !

23

Exobiologie

idée clé

SUIVEZ L'EAU

Cela fait longtemps que nous pensons que la vie existe au-delà de notre planète – depuis les canaux de Mars aux annonces d'observation de créatures volantes sur la Lune. Mais plus nous explorons notre système solaire, plus notre voisinage paraît être stérile. Pour robuste qu'elle soit, la vie a, semble-t-il, besoin de conditions particulières pour éclore. L'exobiologie tente de répondre à la question de savoir comment et où la vie apparaît dans le cosmos.

La vie est apparue sur Terre très tôt après la formation de la planète, il y a 4,5 milliards d'années. Les stromatolites fossiles – des tapis organiques en forme de dôme – montrent que des cyanobactéries existaient il y a 3,5 milliards d'années. La photosynthèse – le processus chimique utilisant la lumière solaire pour transformer des produits chimiques en énergie – était en bonne voie. Les roches sédimentaires les plus anciennes connues, identifiées au Groenland, datent d'il y a 3,85 milliards d'années. La vie s'est donc élancée d'une étroite fenêtre de tir.

Les théories sur l'origine de la vie sont anciennes et aussi variées que les espèces. Les micro-organismes comme les bactéries ou les protozoaires ont été identifiés au XVIIe siècle, quand le microscope a été inventé. La simplicité apparente des bactéries a fait croire aux spécialistes que ces gouttes sont sorties spontanément de la matière inanimée. On les voyait ensuite se répliquer, ce qui laissait entendre que la vie provenait d'une génération spontanée. Louis Pasteur échoua dans sa tentative de créer des bactéries à partir d'un bouillon nutritif stérile. La construction des premiers organismes vivants était un problème.

En 1871, Charles Darwin écrivit au botaniste Joseph Hooker sur cette question de l'origine de la vie qu'elle aurait pu naître dans un « petit étang chaud contenant toutes sortes de sels d'ammoniaque et de phosphore, de la lumière, de la chaleur, de l'électricité, etc., en sorte qu'un composé protéinique soit chimiquement préparé à déclencher des changements plus complexes encore ».

« De dire que, jusqu'à présent,
la science ne jette
aucune lumière sur le problème bien plus élevé
de l'essence ou de l'origine de la vie n'est pas
une objection valable. Qui peut expliquer
ce qu'est l'essence de l'attraction
ou de la pesanteur ?
Nul ne se refuse cependant aujourd'hui
à admettre toutes les conséquences
qui découlent
d'un élément inconnu, l'attraction (...). »
Charles Darwin

Soupe primordiale L'explication de Darwin est proche de ce que pensent les scientifiques aujourd'hui, avec toutefois un important élément supplémentaire : manquant de plantes et de sources biologiques d'oxygène, l'atmosphère primitive de la Terre était dépourvue de ce gaz, contrairement à aujourd'hui. Elle contenait du méthane, de l'ammoniac, de l'eau ainsi que d'autres gaz favorisant certaines sortes de réactions chimiques plutôt que d'autres. En 1924, Alexandre Oparine pensait que, dans ces conditions, une « soupe primitive de molécules avait pu se créer ». Ces mêmes processus seraient bloqués dans notre atmosphère actuelle riche en oxygène.

Les conditions qui prévalaient sur la Terre primitive étaient infernales, comme l'atteste le nom donné à cette période géologique, l'Hadéen. Apparus très tôt, 200 millions d'années après la formation de la Terre, les océans étaient initialement bouillants et acides. Le grand bombardement tardif était encore à venir : des astéroïdes ont dû s'écraser souvent à la surface de la planète. Celle-ci était inhospitalière : climat chaotique, éclairs et déluges. Pourtant, ces conditions se sont avérées favorables à la vie. Les organismes qui grouillent autour des évents hydrothermaux des mers profondes prouvent que l'eau bouillante et l'obscurité ne sont pas des barrières, pourvu qu'il y ait suffisamment d'éléments nutritifs. Cela dit, il a bien fallu que, d'une façon ou d'une autre, les premiers organismes se développent à partir de molécules complexes.

Les conditions hostiles de la Terre primitive ont convenu à la création de molécules organiques. En 1953, les expériences de Stanley L. Miller et Harold C. Urey ont montré que les petites molécules indispensables à la vie, tels les acides aminés, peuvent être créées à partir de mélanges gazeux – méthane, ammoniac et hydrogène – en y faisant passer des éclairs électriques. Mais les scientifiques n'ont fait que peu de progrès dans les décennies qui ont suivi.

L'étape de construction des premières cellules à partir de molécules est stimulante : des structures en forme de cosse qui pourraient être formées par des lipides sont une piste. Le processus de la division cellulaire et de la mise en marche d'une machinerie chimique – le métabolisme – sont toujours loin d'être compris. Personne n'a encore fabriqué une protocellule convaincante à partir de rien.

La sonde Huygens

La sonde spatiale Huygens a atterri à la surface de Titan le 14 janvier 2005, après un voyage de sept ans. Placée à l'intérieur d'une coquille protectrice de quelques mètres, elle transportait une série d'expériences destinées à mesurer vents, pression atmosphérique, température et composition de la surface à mesure qu'elle descendait à travers l'atmosphère avant d'atterrir sur une plaine de glaces. Titan est un monde étrange dont l'atmosphère et la surface baignent dans le méthane liquide. Huygens est le premier engin spatial à avoir atterri sur un astre du système solaire extérieur.

Panspermie Une autre possibilité est que les molécules complexes, voire des organismes biologiques simples, soient venus de l'espace. À peu près à la même époque que l'expérience de Miller et Urey, l'astronome Fred Hoyle avançait l'idée de « panspermie » : la Terre aurait été ensemencée par des impacts de météorites et de comètes. Cela peut paraître tiré par les cheveux mais il est avéré que l'espace est plein de molécules, dont certaines sont complexes. De l'acide aminoacétique a été détecté en 2009 dans de la matière provenant de la comète Wild 2 dont la sonde de la NASA Starburst a recueilli un échantillon qu'elle a rapporté sur Terre.

Pour en savoir davantage sur les conditions ayant pu permettre les premières formes de vie et la façon dont les molécules se sont disséminées, les exobiologistes sont impatients d'explorer des endroits clés de notre système solaire. La première cible est Mars. Sa surface actuelle est sèche mais on pense qu'il en a été autrement dans le passé. Il y a toujours de l'eau glacée à ses pôles et les images transmises par Mars Exploration Rover ont apporté la preuve qu'il y a eu présence d'eau à l'état liquide en surface, peut-être sous forme de petits cours d'eau ou due aux fluctuations de nappes souterraines. On a trouvé du méthane dans l'atmosphère de la planète rouge, ce qui laisse supposer une origine géologique, voire biologique.

Tourisme exobiologique La plus grande lune de Saturne, Titan, est un autre endroit pouvant mener à la vie : elle possède des ressemblances avec la Terre primitive. Bien que se trouvant dans la zone glacée du système solaire extérieur, elle est baignée dans une épaisse atmosphère d'azote qui contient de nombreuses molécules organiques, en particulier du méthane. Le vaisseau spatial Cassini, qui effectue des recherches sur Saturne, a lancé une sonde sur Titan. La capsule, appelée Huygens, du nom du physicien hollandais du XVIIe siècle qui la découvrit, est descendue à travers l'atmosphère nuageuse de Titan et a atterri sur un sol de méthane gelé. Titan a des continents, des dunes de sable, des lacs, peut-être des rivières, faits de méthane et d'éthane solides et liquides plutôt que d'eau. Elle pourrait abriter des formes de vie primitives comme des bactéries se nourrissant de méthane.

« Combien cette antiquité du globe terrestre s'agrandira encore aux yeux de l'Homme lorsqu'il se sera formé une juste idée de l'origine des corps vivants ainsi que des causes du développement et du perfectionnement graduels de l'organisation de ces corps. »
Jean-Baptiste Lamarck

Une autre des lunes de Saturne, Encelade, est une destination exobiologiste en vogue. Alors que la sonde Cassini dépassait ce satellite couvert de glaces, elle repéra une éjection de vapeur d'eau provenant de crevasses situées près de son pôle sud. Un point chaud situé en dessous laisse s'échapper de la vapeur à travers des évents : la proximité de Saturne provoque des effets de marée qui déforment la lune et créent ces fractures. Il est possible qu'il y ait des formes de vie sous la surface, là où l'eau est liquide.

Mais la destination la plus probable pour la prochaine mission orientée vers l'exobiologie est la lune de Jupiter Europe qui abrite un océan d'eau liquide sous sa surface gelée. Comme Encelade, sa surface est lisse, ce qui indique qu'elle a récemment été en fusion. Elle est striée de fines fractures qui laissent penser qu'elle gagne en outre de la chaleur sous les déformations dues aux marées. Cet océan pourrait abriter la vie, dans des conditions parallèles à celles des grands fonds marins ou des lacs sous-glaciaires enfouis dans l'Antarctique. Les exobiologistes espèrent lancer une mission vers Europe en 2020 pour forer sous sa glace et rechercher des signes de vie.

Glossaire

Accélération
Variation de la vitesse d'un corps en un temps donné.

Âge de l'Univers
Environ 14 milliards d'années ; déterminé par le rythme d'expansion de l'Univers.

Atome
La plus petite brique élémentaire de matière qui puisse exister de façon autonome.

Baryons
Catégories de particules formées de trois quarks, comme les protons et les neutrons.

Céphéide
Étoile variable dont la période est en relation avec la luminosité.

Champ
Cadre dans lequel peut se transmettre une force à distance. Il peut être électrique, magnétique, gravitationnel.

Constante de Hubble
Rythme l'expansion de l'Univers.

Constellation
Motifs reconnaissables formés par les étoiles dans le ciel.

Décalage vers le rouge
Baisse de la fréquence d'un objet qui s'éloigne du fait de l'expansion de l'Univers.

Diffraction
Étalement des ondes au passage d'un bord acéré ou d'une fente.

Dualité onde-corpuscule
Comportement de ce qui se manifeste tantôt comme onde et tantôt comme particule ; c'est tout particulièrement le cas de la lumière.

Éléments légers
Les quelques éléments formés pendant le Big Bang : hydrogène, hélium, lithium.

Énergie
Quantité qui détermine le potentiel de transformation en étant échangée.

Énergie noire
Forme d'énergie du vide de l'espace qui tend vers une expansion de l'espace-temps.

Espace-temps
Fusion de l'espace géométrique et du temps dans la relativité.

Étoile
Boule de gaz dont le centre est le siège de réactions de fusion.

Étoile à neutrons
Ce qui reste après l'effondrement d'une étoile éteinte et est maintenu par la pression quantique.

Exoplanète
Planète en orbite autour d'une étoile autre que le Soleil.

Fission
Éclatement de noyaux lourds en noyaux plus légers.

Fond diffus cosmologique
Faible lueur aux fréquences des micro-ondes arrivant de tout le ciel et provenant du Big Bang.

Force
Attraction ou poussée modifiant le mouvement d'un corps.

Fréquence
Nombre de crêtes d'une onde passant par un point donné par unité de temps.

Fusion
Réunion de noyaux légers pour en former de plus lourds.

Galaxie
Assemblage d'étoiles et de gaz enchâssé dans un halo de matière noire, comme notre Voie lactée.

Galaxie active
Une galaxie qui montre des processus de haute énergie en son centre déterminés par un trou noir supermassif.

Gaz
Nuage d'atomes ou de molécules non liés.

Gravité
Interaction fondamentale par laquelle les objets s'attirent mutuellement.

Inertie
Voir Masse

Inflation
Gonflement très rapide de l'Univers durant les toutes premières fractions de seconde.

Interférence
Superposition d'ondes de différentes fréquences et qui peuvent se renforcer ou s'annuler.

Ion
Atome présentant une charge électrique du fait de la perte ou du gain d'électrons.

Isotope
Forme d'un élément différent des autres par sa masse atomique du fait de la présence d'un nombre différent de neutrons.

Isotropie
Propriété de distribution uniforme, régulièrement répartie.

Lentille gravitationnelle
Déviation des rayons lumineux quand ils passent à proximité d'un objet massif.

Longueur d'onde
Distance entre deux crêtes d'une onde.

Masse
Quantité correspondant au nombre d'atomes et équivalente à la quantité d'énergie contenue.

Matière noire
Matière invisible détectable uniquement par ses effets gravitationnels.

Mécanique quantique
Les lois du monde subatomique, la plupart défiant l'intuition mais respectant des règles mathématiques.

Modèle standard
Théorie reconnue des familles de particules fondamentales.

Molécule
Groupe d'atomes liés entre eux par des liaisons chimiques.

Multivers
Système de nombreux univers parallèles mais séparés.

Nébuleuse
Nuage flou de gaz ou d'étoiles ; ancien nom pour galaxie.

Noyau
Partie centrale, dure, de l'atome faite de protons et de neutrons.

Nucléosynthèse
Formation des éléments par fusion nucléaire.

Onde électromagnétique
Transmet de l'énergie à travers des champs électrique et magnétique.

Orbite
Chemin en anneau emprunté par un astre, souvent de forme elliptique.

Photon
Forme corpusculaire de la lumière ou « paquet » d'énergie.

Planète
Corps en orbite, soumis à l'action de son propre champ gravitationnel et trop petit pour amorcer les réactions de fusion.

Poussières
Dans le cosmos, suies et particules qui absorbent et rougissent la lumière.

Pression
Force exercée par unité d'aire.

Pression quantique
Pression qu'exercent certains types de particules – électrons, protons, neutrons – ne pouvant pas se trouver au même endroit dans le même état quantique.

Pulsar
Étoile à neutrons tournant dans un champ magnétique et émettant des pulsations radio.

Quantité de mouvement
Produit de la masse par la vitesse et qui représente la difficulté qu'il y a à arrêter quelque chose qui se déplace.

Quark
Particule fondamentale ; ils s'assemblent par trois pour former protons et neutrons.

Raie d'absorption
Saut dans un spectre lumineux à une fréquence spécifique.

Raie d'émission
Raie brillante à une fréquence spécifique dans un spectre lumineux.

Rayonnement de corps noir
Lueur émise par un objet sombre à une certaine température.

Réflexion
Inversion du sens de propagation d'une onde qui se heurte à une surface qu'elle ne peut pénétrer.

Réfraction
Déviation d'une onde qui ralentit en traversant un milieu plus dense.

Spectre
Séquence des ondes électromagnétiques, depuis les ondes radio jusqu'aux rayons gamma.

Supernova
Explosion d'une étoile agonisante quand les réactions de fusion ont cessé.

Température
En Kelvins, mesure relativement au zéro absolu (– 273 °C).

Trou noir
Zone d'attraction gravitationnelle extrême d'où la lumière ne peut pas s'échapper.

Trou noir supermassif
Un trou noir dont la masse est l'équivalent de millions d'étoiles.

Univers
Tout l'espace et le temps. Par définition, il englobe tout.

Vide
Espace vide, par définition ne contenant rien.

Vitesse
À la fois la vitesse au sens courant et la direction du déplacement.

Zéro absolu
Une température de – 273 °C ; la température la plus basse qu'on puisse atteindre.

Table des matières

L'Univers révélé

1. Les planètes 5
2. Héliocentrisme 10
3. Les lois de Kepler 15
4. La gravitation de Newton 20
5. L'optique de Newton 25
6. L'effet Doppler 31

Cosmologie

7. Le paradoxe d'Olbers 36
8. La loi de Hubble 41
9. Le Big Bang 46
10. Antimatière 52
11. Matière noire 58

L'espace-temps et au-delà

12. Le principe de Mach 64
13. La Relativité restreinte 69
14. La Relativité générale 75
15. Trous noirs 80

Étoiles

16. Classer les étoiles 85
17. Naissances d'étoiles 90
18. Morts d'étoiles 95
19. Pulsars 101

20. Le Soleil 107
21. Formation du système solaire 113
22. Lunes 119
23. Exobiologie 125

Glossaire 131

Achevé d'imprimer en Italie par Grafica Veneta
en février 2015
Dépôt légal février 2015
EAN 9782290101810
OTP L21ELLN000658N001
—
Ce texte est composé en Lemonde journal et en Akkurat

Conception des principes de mise en page :
mecano, Laurent Batard
—
Composition : PCA
—
ÉDITIONS J'AI LU
87, quai Panhard-et-Levassor, 75013 Paris
Diffusion France et étranger : Flammarion

Librio
1139